U0319741

巴尔博亚（1475—1519）画像

《皮萨罗征服印加》（油画）
作者：［英］约翰·埃弗里特·米莱斯爵士

《炼金术士萨恩迪沃基乌斯》（油画），反映中世纪欧洲的炼金术盛况
作者：［波兰］扬·马泰依科

长信宫灯，现藏于河北博物院

偶遇的那张岩画

层状的岩石是大自然绘制的岩画

瓷器连接了亚、欧、非大陆

莫奈笔下的英国国会大厦

阿姆斯特朗的搭档宇航员奥尔德林留在月球上的脚印

大阪海事博物馆是一座并没有完整展现建筑师构思的作品

完工后的中国国家大剧院

——— 致 ———

我的爱人　陈凌霄 博士

元素与人类文明

孙亚飞 / 著

创于1897 商务印书馆 The Commercial Press

图书在版编目（CIP）数据

元素与人类文明 / 孙亚飞著．— 北京：商务印书馆，2021
(2023.3 重印)
（新科学人文库）
ISBN 978-7-100-20146-9

I．①元… II．①孙… III．①化学元素 — 普及读物 ②世界史 — 文化史 — 通俗读物 IV．① O611-49 ② K103-49

中国版本图书馆 CIP 数据核字（2021）第 144387 号

新科学人文库
元素与人类文明
孙亚飞 著

商 务 印 书 馆 出 版
（北京王府井大街 36 号 邮政编码 100710）
商 务 印 书 馆 发 行
北京中科印刷有限公司印刷
ISBN 978-7-100-20146-9

2021 年 10 月第 1 版　　开本 880×1230 1/32
2023 年 3 月北京第 5 次印刷　　印张 $12\frac{5}{8}$ 插页 4

定价：68.00 元

Preface | 序言

孙亚飞是我在北京大学的小师弟，也是我在清华大学带的博士生。还是六七年前的时候，有一次他到我办公室闲坐，看见办公桌上有一本袁翰青先生所著的《中国化学史论文集》一书，自顾自地看了起来。我跟他提及自己二十多年前去美国读书的时候，就带着这本书，最近翻出来重读，又有很多心得，全都写在书上了。袁先生的化学史造诣非常深，也是南通人，和亚飞还是老乡，挺有缘分。

可能就是简单的这几句，他便有心问我借了这本书去复印。那个时候他已经在写一些科普作品，这本书对他或许有些作用，只是我没想到会是后来这么大的作用。

亚飞在大学毕业后去工厂从事一些中试项目，在我这里读博士期间，做的是生物质新能源课题，前面几年也做工业化。他的工作一度非常顺利，2018 年还带着项目登陆中央电视台。到 2019 年年底的时候，他又回到学校里继续做实验，准备写毕业论文。这一年他埋头钻研，潜心阅读，之前复印的那本

《中国化学史论文集》更是没少看，还写完一本科普书，就是现在手中的这本《元素与人类文明》，已经和商务印书馆签约完毕。

作为这本书从创意到成稿的见证者，在此之前我便读过他发表的关于化学影响人类文明进展的一些观点，那时候他就想要整理成册了。作为自然科学的中心学科，化学史和人类史紧密相随。从陶器、木器，到后来的铜器、铁器，还有现代的塑料、纤维和半导体等，每一种材料都让人类社会出现了翻天覆地的变化，也都离不开化学这门学科的发展。

尽管如此，要想真正梳理出一种化学物质和人类文明之间的联系，并不是一件容易的事。一方面，近代化学诞生于两百多年前，对物质进行原子层面的解释更是只有短短一百余年，绝大多数史料没法提供直接证据；另一方面，想把各种各样的线索拼在一起形成一个完整的系统，不仅需要对跨学科的研究有一些了解，更重要的是如何把故事讲出来。

很明显地，亚飞也受到许多国外相关作品的启发，在学术性和文学性方面选择了后者，更注重故事内容。他还独具匠心，以最为重要的五种化学元素作为串联的线索，每一章节讲一个元素，最后一章讲元素周期律的发现过程。这五个元素也存在内在联系：金、铜、硅、碳、钛，分别代表了人类文明的不同时期，从野蛮到未来，真实再现了人类的发展以及对自身的不断反省。

在这样的创作思路之下，《元素与人类文明》这本书没有追求大而全的架构，没有试图对每一种元素都面面俱到，更没有去尝试用宏大的世界观去阐述人类文明，而是生动巧妙地截取了文明时期的一些经典瞬间或代表物件，小到那些散落在路边的古老岩画，大也不过是潜艇、大剧院这样的一些建筑。不同之处在于，从化学元素的视角去重新认识它们，是一种颇有意趣的解读，把人类文明这么一个略显空泛的概念浓缩到一个个具体的事件中，从中能够更直观地看到不同化学元素在整个历史长河之中扮演的角色。

亚飞高中参加全国化学竞赛，保送进入北大化学系，之后又经历创业、进入清华攻读博士学位、翻译写作多部科普作品等，经历非常丰富，并且取得了一定的成绩。区别于在学校一读到底的“专才”学生，这样丰富的阅历让他在思考问题的时候，更侧重于怎样把问题提出来。在《元素与人类文明》这本书中，有一些内容非常新颖，特别是化学元素和中国文明的关系，并没有多少人进行过研究。比如，铜镜的发展过程中，炼铜技术起到了哪些至关重要的影响，又是什么原因推动了这个进程，就是个很值得探讨的学问。因此，我建议亚飞在接下来的创作中，在不损失文学性的基础上，还可以加入一些这方面的讨论，内容的思想性可再提升一步。

总的来说，作为一本原创化学科普作品，《元素与人类文明》非常精彩，我不吝啬用最华丽的语言来推荐它。我也期望亚飞能够再接再厉，以此作品为契机，创作出更完美的作品，为中国化学史多做贡献。

危岩　于清华园

2021 年 3 月

注：危岩博士是清华大学化学讲席教授，国家特聘专家，清华前沿高分子研究中心主任，国际著名材料化学家。

Contents | 目录

第一章 炼金之路

第一节 黄金的诱惑与太平洋的浪涛 / 003
第二节 黄金的荣耀与黄金国的覆灭 / 017
第三节 黄金的转化与哲人石的传说 / 036
第四节 黄金的秉性与现代化的光环 / 051

第二章 青铜时代

第一节 礼仪之邦 / 063
第二节 修我甲兵 / 077
第三节 天工开物 / 093
第四节 利来利往 / 111

第三章 硅的记忆

第一节 岩石凿刻的记忆 / 127
第二节 砖瓷镌刻的记忆 / 141
第三节 玻璃印刻的记忆 / 153
第四节 信息雕刻的记忆 / 171

第四章
高碳生活
第一节　衣 / 187
第二节　食 / 205
第三节　住 / 222
第四节　行 / 236

第五章
钛平盛世
第一节　上九天 / 253
第二节　下五洋 / 271
第三节　承千钧 / 286
第四节　延万年 / 302

第六章
元素和弦
序曲 / 317
第一乐章　谜题 / 319
第二乐章　群星 / 333
第三乐章　长河 / 346
第四乐章　现代 / 362
尾声 / 376
《元素和弦》演职人员表 / 380

后记 / 383
参考资料 / 387

第一章 炼金之路

／

The Way
to Create Gold

“黄金”一词是驱使西班牙人横渡大西洋到美洲去的咒语。

——弗里德里希·冯·恩格斯

第一节
黄金的诱惑与太平洋的浪涛

1510年，落魄的巴尔博亚（Vasco Núñez de Balboa）藏在一个箱子里，随着一艘帆船逃离了伊斯帕尼奥拉岛（今海地岛）。他曾是一位西班牙贵族，却家道中落，依靠四处举债过日子。倒推十年，当时还是25岁小伙子的他响应祖国西班牙的号召“向西去”，从伊比利亚半岛越过大西洋，来到落后的加勒比海地区开辟新的种植园。然而，他在种植方面的运气似乎总是差了些，辗转了两处种植园，生活质量非但没能因此有所提升，反而破了产，彻底穷困潦倒。

他“乘坐”的这艘船，乘客们和他一样，都是殖民者，而且境遇也都不是太理想，于是殖民地一名位高权重的律师便决定带领他们前去新殖民地圣塞巴斯蒂安一带创造新生活。这个机会对于巴尔博亚来说其实算不得多好，因为他甚至不知道新殖民地位于何处，而且到了那里也还是继续开发种植园，最多也只能落得个苟活的境地。然而即便如此，这机会对于巴尔博亚来说也是求之不得的，因为伊斯帕尼奥拉岛的债主们正在四处对他围追堵截，面临生命危险，他已经仓皇失措，躲来躲去，最终寻到了“避难所”，也就是船上的那只箱子。当巴尔博亚感觉船已远远离岸之后，他知道危险也已经被甩在了岸边，于是打开箱子，像一名真正的贵族那样，全副盔甲，佩剑持盾，来到甲板之上。

船长，也就是那位律师对此感到不可思议，但是在听闻了他的故事之后，更多的还是愤怒，毕竟在他的认知里，饿死事小失节事大，怎么可以为了躲债而违法偷渡呢？于是作为一位称职的法律工作者，他立即做出了“判决”：只要在途中看到岛屿，就把巴尔博亚扔到岛上自生自灭。

如果真是流落到小岛，他比那位漂流奇侠鲁滨逊的境遇似乎还是更好一些，毕竟巴尔博亚身边还带了一条威猛的猎犬，再加上自己的兵刃，说不定某天还会救起自己的“星期五”。不过正所谓“天将降大任于斯人也”，还没遇到岛屿，他们倒是先碰上了另一艘船。当年的加勒比海地区还只是西班牙人探险的乐园，新开辟的种植园无法支撑常态化贸易，海上几个月见不到一条船都是常事，所以，突然从反方向驶来的这艘船引起了大家的注意。船长一打听，原来也不是外人，正是前脚去开辟新殖民地的舰队成员，他们带来了一个坏消息——巴拿马一带的殖民地已经被当地的印第安人摧毁了，殖民者被毒箭射杀，严重减员，最后就剩下这么三四十号人，找到仅剩的一艘帆船仓皇出逃。

船长听闻此事，当即决定撤退，不能去巴拿马冒险。可是对巴尔博亚来说，回到伊斯帕尼奥拉岛将会面临什么样的命运，没有人比他自己更清楚。作为一位仗剑走天涯的破落贵族，他也许没有读过中国历史，说不出像“等死，死国可乎”这样的豪言壮语，但大概也知晓“望梅止渴”的道理，懂得如何去调动群众的积极性。于是，他连说带骗地讲道，早些年他跟随部队航海的时候，曾经到过一个叫“达连”的地方，距离现在的位置不算远，那里的印第安人很善良，不会用毒箭来欢迎殖民者们，更重要的是，达连这个地方简直就是“黄金天堂”，河里面流淌的都是金子！

两艘船停在海上，殖民者们静静地聆听这个传闻，内心全都蠢蠢欲动，就连船长也不能判断他所说的真伪，毕竟在这群人里，不管是士兵还是农民，巴尔博亚的确是对这片海域最熟悉的人。更重要的是，黄金这个词太有诱惑力了，它和大西洋上空的海风一起，推动着他们驾桨起帆，两船全速向达连航行而去。

很快就到了达连，这里的印第安人果然很随和，于是这群文明的殖民者也就毫不客气，将他们屠杀殆尽，从他们的营中搜罗出了不少黄金——和所有原始部落一样，印第安人也将黄金作为无上的财宝予以珍藏，这让西班牙人欣喜若狂，而巴尔博亚也因此成了这群人中真正的领袖。当他们陷入掠夺黄金的狂欢之后，一切规矩都成了弱肉强食的注脚，至于原来那位律师船长，他除了鼓吹那一套并不实用的贤良守序，并不能带来什么物质方面的价值，于是很快就在民意之下被赶走了。不仅赶走了这一个，成功掠夺黄金的巴尔博亚有些飘飘然，似乎忘记了自己因为欠债在逃，大胆地给国王写信抱怨，要求别再派律师过来给殖民地捣乱了，甚至还一不做二不休地赶走了新派来的总督。

黄金为何会有这么大的魔力，让一群人疯狂至此？

很重要的一点在于，几乎所有地球文明都将黄金视为最高权力的象征，一个能够带领众人找到黄金的人，自然会被奉为伟大的领袖。

然而，初战获取的一点黄金，虽然暂时安顿了整个殖民队伍，却安顿不了巴尔博亚的野心，他要从达连出发，开辟出自己的领地。冷静之后的他深知，如果要成为这片土地上真正的主人，首先需要洗脱自己偷渡叛乱之罪，毕竟原来的船长要是回去告了状，再带人过来寻仇，他可无力和西班牙军队抗衡，而洗脱罪名的最好方式就是：寻找到更多的黄金！

按照当时的西班牙“法律”，像巴尔博亚这样的殖民者在美洲发掘的贵金属财富，其中五分之一都需要上交给王室，因此更多的黄金自然也就意味着讨价还价的更大余地。

为了达成这一目标，巴尔博亚充分发挥了自己的战略素养。他认识到与印第安原住民持续敌对是不可行的，于是就决定与印第安人结盟，并屡屡释放诚意。

不久之后，机会就悄然而至，他获准可以与当地最有势力的酋长见面。于是，他带着几名随从来到酋长所在的村庄——出乎意料的是，这里居然和他吹嘘的黄金天堂有着几分相像。酋长请他们喝酒的杯子是黄金的，祭祀用的礼器是黄金的，而馈赠给他们的礼物也是多达上百千克的黄金。

如同是进了蟠桃园的齐天大圣一样，西班牙人在黄金面前立即就坐不住了，遵循古典骑士的礼仪，“优雅地”用刀剑比画每个人应当分得的黄金，相比之下，尚处在部落文明时期的印第安人倒更像是一群绅士。

黄金就像是一面照妖镜，一切套在野蛮身上的文明外衣，都只不过是层透明的遮羞布。

手下在为黄金争斗的同时，深谋远虑的巴尔博亚却盘算着更长久的计划。他知道，无论是喂饱这些鹰犬，还是填平国王的欲壑，眼前这点黄金都还只是杯水车薪，便继续耐心地和酋长攀谈。

看着撕破脸皮的一群西班牙人，酋长心中早已明白，黄金对于这群侵略者来说，大概比性命还要重要——事实上，他们中的很多人原本就是亡命之徒，正是为了黄金才抛家舍业来到大西洋彼岸。于是酋长指了一个方向，告诉巴尔博亚，就在山的那边还有一片海，海边有个富饶的“黄金国”，那里的黄金要多少有多少，距离此处大概只有几天的行程。虽不遥远，可这一路却是异常艰险，有恐怖阴森的密林，有凶猛残忍的野兽，还有一大波脾气不太好的印第安人。

黄金国的传说一直都令西班牙征服者浮想联翩，十几年前，当哥伦布首次踏上这片新大陆之日起便有了这个传说。事实上，为了获得国王对大航海事业的支持，正是哥伦布道听途说，鼓吹起神秘的“黄金国”，这才吸引了众多探险家和投机客们不断登陆到这片丛林。只不过可惜的是，多年以来，葬身丛林的人不计其数，但谁也没有能够真正发现这传说中的地方。在和酋长的交谈中，巴尔博亚听闻此地距离黄金国只剩几天的路程，再也难掩内心的激动，当即决定向西班牙国王请求支援，并希望他能作为军官去征服黄金国。

然而计划开展了整整两年都未能实施。考虑到他之前的劣迹，加上多年寻求未果早就怀疑黄金国传说的真伪，西班牙王室并不敢完全信任巴尔博亚，让他去完成这项伟业。可是对巴尔博亚来说，继续耗费时间也许就意味着万劫不复，既不能取悦肉食者，下属又像饿狼一般，再没有新的黄金来源，他就要从恩人变仇人了——已经当过一次草莽的他不免有些着急，深知自己处境不妙。最后，就在1513年9月1日，巴尔博亚横下心，决定不再等待援助，一咬牙带上了仅有的百十名勇士，踏上了这次征程。听起来或许不可思议，但这确实是一次改变世界的决定——至少是他让世界改变得更早了一些。

正如酋长所说，一路上的确是荆棘密布，险象环生。

然而对于沿途那些“脾气不太好”的印第安人来说，这次远征着实给他们带来一场大难。他们不希望自己的家园被破坏，于是设法阻止这些侵略者，数百名印第安勇士倒在了火枪之下，更有俘虏被活活喂了猎狗。巴尔博亚带着他的队伍，用大屠杀的方式粗暴地终结了一切反抗。

9月25日，这支队伍离山峰还有一步之遥。他们把这里叫作达连山，每个人都期望登上达连山的那一瞬间，会被黄金那灿烂的反光把自己的眼睛闪花。为了能够用最快时间登顶，巴尔博亚将老弱病残安置好，挑选了最后六十多名勇士一起向上发起总攻。

巴尔博亚一马当先，不让任何人与他争功，迫不及待爬到顶峰。酋长没有骗他，在山的那一边，是一片海，只是海边并没有让他魂牵梦绕的黄金国。那片海异常平静，碎浪倒映出的点点波光，宣告了人类史上一个伟大时刻：第一次有欧洲人穿越了巴拿马地峡并发现了太平洋。经由这片海洋向西航行，可以抵达东方的中国与印度。毫无疑问，这样的环球旅行也不再是遥不可及的梦想。

没有发现黄金国的失落并没有打击到这支远征队，因为一个全新的海洋被发现，那就意味着无限可能。在山顶举行了简单的仪式之后，他们带头的二十多位就匆匆下山开始划分地盘了。

毫无疑问，巴尔博亚是此行的首功。他不仅被认为是继哥伦布之后最伟大的探险家之一，更是获得了西班牙王室的肯定，可以由他来掌管这片被他称为“大南海”沿岸及水域中的岛屿，随心所欲地开采这里的宝藏。

巴尔博亚从此走上了人生巅峰——他开始思考自己重新成为贵族的可能性，哪怕是与贵族联姻也好。

就在太平洋（当然，这一充满诗意却又名不副实的称呼，还需要等到多年后麦哲伦环球航行时才确定）被发现后不久，巴拿马却迎来了一位七十多岁的老人——由西班牙国王任命的总督佩德罗·阿里亚斯·达维拉（Pedro Arias Dávila）抵达此地。这是一位根正苗红的贵族，地位自然比之前那位律师船长尊贵得多，这也让他毫无意外就成了

图 1–1　巴尔博亚（1475—1519）画像

巴尔博亚的顶头上司，人们一般称呼他为佩德拉利亚斯（Pedrarias）。

巴拿马地峡上的政治气氛立即变得有些凝重，年老无力的佩德拉利亚斯掌握着最高权力，年富力强的巴尔博亚却在带着一帮死士开疆拓土，这显然不是什么理想的团队组织架构。巴尔博亚很清楚，面对佩德拉利亚斯，自己这一次不能再像刚登陆时那样，不由分说就赶走总督自己单干。更核心的问题在于，他的前一次冒险只是发现了一片海洋，黄金国依然只是个传说，西班牙王室此时对他的赏识，无非还是期待他能够发现真正的黄金国——换句话说，若是没有黄金作为政治献金讨好国王，他的未来还是只有死路一条。有意思的是，佩德拉利亚斯带来了正规军队，这正是他继续探险可以依靠的力量。

但佩德拉利亚斯虽然老迈，头脑却还很机敏，他考虑问题的角度与巴尔博亚完全不同——巴尔博亚的凶狠是出了名的，而自己年事已高，倘若那个混世魔王有朝一日又搞出点花样，掌握了兵权，那么在这样一个与西班牙本土往返需要几个月的大陆上，任何意外发生，背后的真实秘密恐怕都会随风消散。所以，出于对人身安全的考虑，他做出了大胆的决定：与巴尔博亚示好，肯定了他的不朽功绩，并决定将女儿许配给这位“青年英雄”，只等他一回到西班牙之后就办婚礼。没想到，巴尔博亚还真撞上了这样的机遇，眼看就要重新成为贵族了，而这一切都是拜黄金所赐。

于是，通过这么一个不知何时能够兑现的口头婚姻，达连的二位总督结为翁婿，更是结为同盟。通过此事，佩德拉利亚斯向巴尔博亚传递了一个信息：我将女儿嫁给你，那么如今从伦理上讲，我就是你爸爸了，你肯定就不会对我怎么样了吧？相信诸位看官读到此一定会哂笑，别说这种名义上的父子了，就算是亲父子又能如何？那饿死在沙丘宫的赵武灵王若在天有灵，一定会觉得佩德拉利亚斯这是在玩火。

不过，巴尔博亚虽不是善茬，秉性倒是挺实诚，有了这层关系，他心里踏实了许多。在他看来，自己不仅有望消除逃犯的身份，就连王室的提防都会淡化几分，那么探访黄金国的计划便有了实现的可能。他已经得知，只要在太平洋那边造上几艘大船，沿岸南下，就可以抵达一个叫“比鲁”（Biru）的地方——当地印第安人说，那里是真正的黄金之国。

我们无法探知巴尔博亚是否真的坚信这条传闻，因为几十年来，太多印第安人口耳相传的黄金国遭遇西班牙殖民者洗劫，最后翻了个底儿掉也就是几个小部落而已，酋长们的那点金首饰可换不来几艘远征的大船。不管前途如何，他还是坚持要造船——他们的舰队全部在大西洋，无法跨越巴拿马地峡进入太平洋。

可是这样的举动却引起了佩德拉利亚斯的猜忌。在他看来，巴尔博亚志在必得的坚持，似乎并不只是冲着黄金国而去，倒是有一点把舰队开到天涯海角自立为王的意思。要是他带着新船跑了，再想抓到他，就只能继续在太平洋里造船，这不仅费时费力，也未必有取胜的把握。不过老爷子并未点破此事，而是以实际行动继续大力支持着准女婿，似乎依旧相信亲情的感化——毕竟，巴尔博亚这小子也算是重情重义，之前曾娶了一位酋长的女儿，两人的感情可谓是如胶似漆。

一晃时间来到了 1519 年。

这一年，船队已经打造完成，野心勃勃的巴尔博亚即将成为沿着太平洋探索美洲大陆的第一人。为了给他饯行，他的老泰山安排了一场宴会。

巴尔博亚欣然前往。当他准时抵达赴宴地点时，他的一位战友——几年前曾经随他一同发现太平洋的忠实亲信弗朗西斯科·皮萨罗（Francisco Pizarro）——带队前去迎接。巴尔博亚见状非常兴奋，脚底生风地向前跑去，正要开口叙旧，不料却被皮萨罗一行给摁到了地上。他不曾想到，就在他待在山的那边指挥建造太平洋舰队之时，大西洋这边的佩德拉利亚斯早已做了大量的策反工作，而那些曾是巴尔博亚出生入死的兄弟，如今却将他视为自己建功立业之路上的眼中钉，因为只有借佩德拉利亚斯之手除去巴尔博亚，他们才有探访比鲁的机会。此时正是最恰当的时机——船已造好，路线也已确定，就等起锚出航，巴尔博亚已经没有了利用价值。一代枭雄在新大陆征战多年，没有死在印第安人的毒箭之下，却因犯“叛国罪”被自己人砍去了脑袋。

这一年，除掉“准女婿”的佩德拉利亚斯成为巴拿马地峡上的唯一总督，所有的威胁俱已排除，他终于可以放心地圈建总督府。“巴拿马城”这座城市第一次出现在了世界地图上，为了区别于后来重建的巴拿马城，建于16世纪初的这一座现在被称为古城。如今，巴拿马古城博物馆门前依然塑造着这位老人的半身像，精神矍铄，眼神坚毅。

但在政治斗争中落败的巴尔博亚也并未就此籍籍无名。他生前曾经设想，如果在他跨越地峡的路线上修建一条运河，大西洋的船只便可以穿梭到太平洋中（这想法似乎和他的“叛国罪”有些矛盾）。西班牙国王审慎地考虑了这一计划，并展开勘探，不过终因技术原因而未能实现。三百多年后，这条运河终于在美国人的努力下顺利修通，也就是名震八方的“巴拿马运河”，如今更是与苏伊士运河齐名，成为世界航运路线上最重要的人造水域之一。为了纪念巴尔博亚的功绩与宏伟计划，巴拿马运河的内港便被命名为“巴尔博亚港”。

至于巴尔博亚一生追逐不息的黄金，在他殒命四百年后也以另一种方式获取了。如今，巴拿马的本国货币只有铸币，铸币中含有一定量的黄金，而这一货币的名称就是——巴波亚（Balboa）。毫无疑问，正是为了纪念这位黄金探险家，巴尔博亚从此和黄金紧紧地联系在了一起。

而刺杀他的那个皮萨罗呢？

谁也不知道，基于巴尔博亚已经设计好的路线，这个传奇的投机分子，正在拉开人类史上最大规模黄金劫案的序幕。

正所谓：

为访黄金国，达连炸了窝，
勾心藏腹里，尸殍遍城郭。
才走巴博亚，又来皮萨罗，
欲知此后事，且待下回说。

第二节
黄金的荣耀与黄金国的覆灭

在追随皮萨罗的探险足迹之前，我们不妨先来看看，故事里众人趋之若鹜的黄金究竟是怎样的物质，为什么它可以象征权力，又是为了什么，巴尔博亚他们舍得用生命去交换。

马克思曾经说过：“金银天然不是货币，但货币天然是金银。”

这句话从政治或经济的角度分析，可以有很多不同的解读，其中最标准的解读大概是在高考的政治科目考纲上。不过，这句话若是出现在了化学科目的考卷上，咀嚼起来便又是另一番风味了。

单纯从元素特性的角度来说，黄金算不上一种非常特殊的金属，不过是元素周期表上安静的第 79 号房客。和它住在同一层的那些元素，最左边是遇水就爆炸的碱金属铯，最右边则是具有放射性的稀有气体氡，能耐都比金元素要大多了。

然而，如果把金元素的各种性能综合起来，就不难理解马克思那句话的化学含义了。

几乎所有人类文明的蛮荒时代，都留下了“黄金时代”的传说，并且大都发掘出了黄金遗产。比如在中国，黄金的使用最起码已经有了四千多年历史，甘肃省玉门火烧沟发掘出的金耳环，经考古人员研究证明是上古时期夏朝的遗物。

不过在全世界范围来看，中国的黄金历史可就年轻多了，古埃及早在六千多年前就有了关于黄金的记载，而苏美尔人至少也在五千年前就能够熟练地加工黄金，同时期学会使用黄金的还有南美洲的秘鲁先民——而秘鲁正是巴尔博亚从印第安人那里听说的比鲁。

自然界中本就存在着游离的黄金，甚至还有不少是质地优良的大块黄金，古代中国人称其为“狗头金”。正因为如此，黄金有幸成为人类发现并应用的第一种金属。从化学性质上讲，金是一种极其稳定的元素，不仅难以被氧化，也不容易被酸碱腐蚀。而地球诞生了 45 亿年之久，氧、硫、氯等元素虎视眈眈，又有各种剧烈的地质运动，很少有金属能够做到一直不被腐蚀、保持游离状态。纵观地球上天然存在的金属元素，没有发生氧化的，也就只有金、铂、银、铋等寥寥几种。流星作为地球外的访客，偶尔也会带来一些陨铁，但是这种从天而降的金属实在是太罕见了。

托颜色的福，黄金成了其中最容易被辨识的一种。

大多数游离态金属都呈现银白色光泽，若是粉末状态则以灰黑色居多。但黄金不同，它呈现出璀璨的黄色，并且就算是金粉，其色彩也依旧夺目。可想而知，当古人看到闪闪发光的金砂时，一定会对其中的金粉感到好奇，就和如今蹲在沙堆旁被云母反射光所吸引的孩子一般。

很多民族的神话传说都将金子视作太阳的象征，古希腊便是如此，这是因为洒满人间的阳光看上去就是金子的颜色；与此对应的是，银子成了月亮的代名词，谁让皎洁的月光是银白色呢。

所以，金银天生被人类喜爱，和它们的色泽有着很大关系，而金子尤其特殊。

世人都知道金子那美妙的色彩，然而很少有人能够说清楚金子为什么会是黄色。古希腊人，还有很多民族的先民都认为，金子代表着太阳所以便是金色——尽管这很浪漫，但是在科学上却是无稽之谈。

直到20世纪初，这个问题的答案才慢慢浮出水面。1911年，在对原子进行研究时，英国物理学家欧内斯特·卢瑟福（Ernest Rutherford）提出原子的行星模型：原子的中心有一个原子核，外围有很多电子围绕着原子核旋转。此前不久，对科学体系影响深远的量子力学开始建立，年轻的丹麦物理学家尼尔斯·玻尔（Niels Henrik David Bohr）对于这一全新理论情难自已，当他看到卢瑟福的模型时，更是陷入了沉思。

此时的玻尔可谓风华正茂，刚刚在哥本哈根大学拿到了博士学位，并且还在本校的AB足球队担任守门员。虽说是校队，但它却是丹麦最优秀的职业足球队之一，玻尔和他的弟弟哈罗德·玻尔（Harald Bohr）都是队中狂热的运动健将，哈罗德甚至还代表丹麦国家队出征，夺得了1908年的奥运会亚军。不过，相比于杰出的运动天赋，兄弟俩更为人称道的还是他们在各自研究领域的天才思维。

两年后，玻尔在卢瑟福的行星模型基础上，通过量子力学计算，构建出更完善的原子模型，也是现代化学的基础模型。后来的化学键、分子轨道等概念，都是由此发展而来。为了表彰他的贡献，诺贝尔奖委员会在1922年为他颁发了物理学奖——他也是有史以来最会踢球的诺贝尔奖获得者，更是足球运动员中科学成就最高的一位。

此前一年获得诺贝尔物理学奖的正是物理学泰斗爱因斯坦——他们不仅前后脚夺得自然科学的最高殊荣，随后更是开启了一场长达三十年的论战。

爱因斯坦和玻尔都是量子力学的重要奠基人，他们在学术上亦师亦友，相互成就，有过许多辩论，也共同推动了许多理论的建设。不过到了 1927 年，德国科学家沃纳·海森堡（Werner Karl Heisenberg）横空出世，提出了震惊世人的海森堡测不准原理，爱因斯坦和玻尔就面临一个“站队”的问题了。所谓海森堡测不准原理，说的是根据量子力学，我们无法同时准确知道一个微观粒子的位置和速度。

玻尔建立的原子模型尚不完善，而海森堡原理恰好解释了玻尔的很多困惑——原来原子核外的电子并不能准确地出现在什么位置，只能计算出它出现在某处的概率。于是，玻尔不仅力挺海森堡，两人甚至组建了哥本哈根学派，成了推动量子力学发展的核心力量。然而，爱因斯坦根据自己的研究，对海森堡的这套测不准的说辞坚决反对，他不认为有什么参数会是不确定的。

若是把原子模型比作掷硬币，或许可以更明白地看出他们三个人的不同观点。玻尔和爱因斯坦分别朝远处投掷了一枚硬币，玻尔认为，这枚硬币要么正面朝上，要么就是反面朝上，肯定不会出现与地面 45 度倾角的情况；爱因斯坦则认为，只要考虑所有的参数，投掷的时候就可以确定是正面还是反面。他们二人的观点本无冲突，可是这时海森堡过来了，说不管怎么投掷，正面反面都是各占一半的可能性，我们只能知道这个概率，却不能预判。可见，海森堡的观点对于玻尔而言是加强，对爱因斯坦却是否定。

对于这个说法，爱因斯坦觉得实在是荒谬了，于是说出了那句旷世名言："上帝不掷骰子。"可玻尔也不甘示弱，对老友回敬了一句："别告诉上帝该怎么做。"

不管怎么说，完善之后的玻尔模型，可以解释很多难题，对于金属的成色现象也是手到擒来。

玻尔认为，原子核外的电子可以在不同的轨道上运动，就像田径运动员可以在不同的赛道上跑步一样。我们知道，在内道跑步时，因为周长更短，所以需要的能量也更少；反之，外道需要的能量便会更多。电子也是如此，当它在不同的轨道间变换位置时，能量也有所不同，因此便会吸收或释放能量，这就叫作电子的跃迁，而金属的颜色正是由于电子的跃迁所致——当太阳光照射在金属表面时，原子核外的电子会吸收一部分光，从而跃迁到更高能量的轨道上。如果吸收的光线正好位于可见光区，那么金属就会呈现与这种光互补的另一种颜色。只不过，绝大多数金属都没有这么幸运，它们只能反射白色的太阳光。

不过，金却是个例外，按照正常的计算数据，金的颜色也应该是——银白色，和大多数金属一样平凡无奇，可这显然与事实不符。

毫无疑问，荣耀而尊贵的黄金却没有给玻尔带来荣耀，反而让他的玻尔模型遭遇了新的危机。不过在这个问题上，恰恰是他的老对手爱因斯坦帮他打上了补丁。

金元素位于元素周期表中的第六周期，而在这一周期中，很多元素都表现出反常的现象——这里的不少金属都具有超高的密度，例如金属锇的密度高达 22.59 g/cm^3，几乎是铁的 3 倍；不仅如此，不少金属的熔点也十分惊人，比如钨的熔点大约在 3400 ℃，被发明家爱迪生选作白炽灯的灯丝；然而与此相对的是，同为这一周期的汞却是熔点最低的金属，只有 –39 ℃，常温下呈液态……

这还只是一些物理性质，至于化学性质，例外的就更多了。按照经典的理论，金属与金属之间可以组成合金，但是不能发生化学反应。可是这一周期的一些金属却不甘寂寞，就比如说金元素，它居然能与金属铯之间形成双原子离子化合物金化铯（CsAu），在其中呈现负化合价，实在令人匪夷所思。众所周知，食盐的学名叫作氯化钠，而在金化铯中，金所起的作用就和氯一样，可是这两种元素的性质实在是大相径庭，十分奇怪。

不过，当特殊事件集中在了一起，它就不再是巧合或偶然，反而成了一种新的规律。

1919 年，一次不寻常的日食让爱因斯坦成为地球上最受人关注的科学明星，在此之前，他预测光也会在引力的作用下拐弯，而在日全食的辅助之下，他的思想“实验”大获成功，打消了很多怀疑的观点。于是，爱因斯坦和他的相对论也得到了世人的推崇。

此后不久，包括保罗·狄拉克（Paul Adrien Maurice Dirac）在内的一些量子力学巨擘开始借助相对论对玻尔模型进行优化，这时候人们才发现，原来第六周期元素的秘密是这样的——

简单来说，爱因斯坦认为，任何物体的速度在接近光速之时，都不再符合经典牛顿力学的那些方程，因为物质的质量此时会比静态时有所增加。

那么原子中电子的速度会是如何呢?

根据海森堡原理，电子的速度与位置并不能同时准确测定，只能依照量子力学理论进行概率推算。这一算不要紧，当原子核随着周期表上的序号不断增大，电子的运动速度也会加快，对于第六周期的重元素来说，最外层电子的运行速度居然超过了光速的一半，根据相对论原理，它们的质量要比静态时差不多高出 20%，显然这已经不能作为误差考虑了。

电子是一个元素展现绝大多数自身物理与化学性质的基础，电子的状态变了，那么元素性质发生改变也就在情理之中了。于是，人们将第六周期的各种异象统称为“相对论效应”。

由于相对论效应，金元素的大多数电子，其运行轨道都发生了收缩——借用卢瑟福的行星模型形象地说，就好比是太阳突然变大了，于是太阳系中的行星因为引力都向太阳的方向靠了靠。金是第六周期元素，所以一共有六层电子，其中处于最外层的第六层电子，受影响最为明显：它的轨道也比正常条件时更“小”一些（根据量子力学，电子轨道需要用波函数描述，并不完全可以类比经典力学描述的行星轨道，此处所谓的“小”只是概率意义而非字面意义），势能也就随之降低了。

不过，同样是在相对论效应的影响下，有些电子的轨道反而变“大”了，轨道发生了外扩，也就是说，能量变高了。这其中就有处于第五层的电子。

还记得前面提到的跑道吗？我们还是借此打个比方：原子就像是一座体育场，原子核好比是位于中间的足球场，而绕着足球场的跑道就像是电子的轨道。对于金原子而言，一共有六条跑道。本来这些跑道的宽度很均匀，不料足球场建成后比原先的设计大了一些，预算也多花了一些。因为钱不够用，跑道便建不了那么大，于是最外道就比设计时要小一些，但是足球场却撑大了内道，最终的结果显而易见，跑道的宽度不及设计，那么运动员在不同跑道之间的变换，能量差别也就没有那么大了。

光是一种电磁波，并且能量与波长成反比。既然原子内层与外层轨道的能量差缩小了，那么电子跃迁时就会需要波长更长也就是能量更低的电磁波。巧的是，对于金元素而言，原本跃迁时需要的是处于不可见光的短波，而这个过程恰好让它变成了可见光区的蓝光波。吸收了蓝光后，金就反射出与之互补的耀眼的金黄色，而这种颜色在所有金属中独一无二。

所以说，黄金会让古人感到特殊，除了稳定的化学性质以外，更少不了颜色的渲染。因此，不只是黄金本身荣耀无比，就连它反射的金色都成了尊贵的色彩，比如古代中国对于金色的使用就非常慎重，它往往象征着皇家，有些时期，僭越使用金色甚至是杀头的罪过。

只不过，很少有人会想到，20 世纪最伟大的一群科学家们齐心协力，才最终搞明白它为何是金色。

另一方面，金在地壳中的储量并不丰富，并且还有个特别之处，那就是不管技术发展水平，黄金的开采量都会保持相对稳定，始终属于稀罕的物件，所以几乎所有文明都将黄金视作最高权力的象征。

正因为此，尽管各大文明出于贸易的需求，产生了五花八门的原始货币，比如贝壳和绢帛，但最终都会转向黄金，或者黄金的替代物——白银，也就是古希腊人说的“月亮”元素，它在元素周期表上刚好位于金的楼上。实际上，休说是价值不菲的黄金，即便是白银，日常流通也并不是多方便，容易造成通货紧缩不说，找零还尤其麻烦——抓一把碎银子打酒喝，也就是小说中那些绿林好汉才会这么做。即便如此，各国一般还是采用金银作为货币标准，背后深层的理由，正是金银不可撼动的权威性，从政治到经济一脉相承的权威性。

哥伦布在探索大西洋之时曾说：“有了黄金，要把灵魂送到天堂，也是可以做的”，可见那个时代西班牙人对黄金的贪恋，上到国王，下到囚犯，全都对黄金沉迷不已。

而在这群人中，皮萨罗无疑又是最富传奇的黄金猎人。他谋害巴尔博亚之时，没有掩饰半分野心，为了黄金他可以不择手段，至今他带着一百六十人征服印加帝国的故事还在广为流传，而印加帝国，正是那个传说中的“黄金国”。

南美洲的金矿资源相对丰富，秘鲁与哥伦比亚至今都拥有蕴量巨大的金矿。得益于此，秘鲁先民早在五千年前就开始采金用金其实并不奇怪，尽管这与他们后来文化大幅落后于欧亚大陆的状况并不相称。

时间来到16世纪，此时的南美大陆上，庞大的印加帝国已经建立了三百年之久。通过连年征战与文化同化，此时的印加帝国控制了安第斯山脉以西近一百万平方千米的陆地，统治区域包括如今的秘鲁、智利、厄瓜多尔以及阿根廷、玻利维亚与哥伦比亚的一部分。

印加帝国没有车轮，没有铁器，甚至还没有发明出文字，依靠结绳记事，这一点相比于处于中美洲的玛雅及阿兹特克文明来说，似乎还要更落后些。不过与中美洲的印第安人一样，印加文明也擅长石工技术，建造出的神庙甚至令同时期的欧洲人都相形见绌。除此以外，印加帝国还有着自己的法宝：一是各类农作物丰富，土豆、玉米、南瓜等南美特有植物，足以支持庞大的人口规模；二是驯化了美洲大陆唯一的大型家畜——羊驼，不仅可以提供皮毛与驼肉，更可以通过密布全国的公路进行贸易，弥补没有轮子的缺憾；更重要的一点是，印加帝国的妇女解放运动似乎开展得比较早，女性生产力强，地位也不低，可以参与很多社会活动。有了这些政治经济基础，印加帝国展现出了一种超乎其科技水平的成熟。

然而，成熟也是一把双刃剑。与阿兹特克相对松散的联盟不同，印加帝国更有组织力，人祭这类迷信活动也没那么多，而且几乎已经形成了中央集权制度，可以集中力量办大事——这里说的大事可不只是盖神庙之类的宗教建筑，还包括挖梯田、修水渠等各类实用工程，也包括统一语言这样的文化项目。

但是权力的集中，虽然促进了地区融合，却也导致了贵族阶级的分化。

16 世纪的印加帝国已经出现了货币，然而货币形式居然不是南美洲储量丰富的黄金，而是由羊驼毛加工的纺织品，这一点也说明了印加帝国妇女解放的必要性，因为她们就是勤劳的造币工。至于黄金，按照当时印加的“法律”，平民不得持有，只有贵族或祭司才可以使用，以至于王宫里面，黄金居然被用来加工成各类结构件——谁都知道，黄金又重又软，并不适合如此使用。不仅如此，国王乘坐的轿子通体由真金装饰，就连平时穿的凉鞋也是黄金打造。印加文明认为自己是太阳的子民，信奉太阳神，而黄金象征着太阳，那么作为国王而言，这么无节制地使用黄金似乎就变得理所当然了。

国王的身份如此尊贵，生活如此奢侈，可以想象，一定存在着很多王位的竞争者。不过，印加的开国君主早就意识到了这一点，并且采用了与古代中国差不多的方式，只有正妻的儿子才有资格被立为太子。不同的是，正妻也必须是王族内的公主，并不是国王宠幸谁，谁就能上位。所以，从操作方式上看，印加的王位继承还是比较妥当，三百年来也没发生太多的宫闱事变。

然而随着欧洲人的登陆，一切都发生了改变。

在中美洲，巴尔博亚死后，皮萨罗并没有直接进军比鲁，而是先开始准备资金。这一决定无疑是合理而谨慎的，面对着高耸入云的安第斯山脉，没有经济实力做保障，只怕有去无回。

不久，一名军官的私生子迭戈·德·阿尔马格罗（Diego de Almagro）同意资助皮萨罗进入南美洲。但此地的自然环境是如此恶劣，丛林密布，探险队深陷于此，连续几年都是无功而返，连个黄金的影子都没见着。

但他们却已在此时播下了印加帝国灭亡的种子——天花病毒。

美洲大陆原本没有天花，因此原住民对于这种病毒没有丝毫的抵抗力。很快，大片的印第安人开始死去，其中也包括印加帝国国王瓦伊纳·卡帕克（Huayna Cápac）。瓦伊纳·卡帕克是印加史上很有作为的一位国王，在位期间征服了北方的一些部落，并在基多建立了第二首都，他本人也就留在基多参与新城的建设，并委任爱子阿塔瓦尔帕（Atahualpa）担任基多王。与此同时，在印加的首都库斯科，他原来的王储瓦斯卡尔（Huáscar）则管理着其他地区，但两人的地位究竟如何平衡，老国王并未明确示意。

于是，一出俗套的戏码就此上演。老国王染上天花病毒之后很快就死了，临终前甚至来不及安排后事，庞大的印加帝国因为王位之争来到了历史的十字路口。在西班牙人即将袭来的前夜，也许每一条道路的尽头都是悬崖，但他们却选择了最容易坠落的那一条——内战。

阿塔瓦尔帕跟着老国王征战四方，军事能力自然不俗。因此，当瓦斯卡尔担心王位不保而率先发难时，阿塔瓦尔帕不费吹灰之力就击败了瓦斯卡尔。然而，他并未就此收手，而是选择了斩草除根，在俘虏了瓦斯卡尔之后一心要将对方的势力集团全部消灭。

其实就在此刻，阿塔瓦尔帕早已知悉，在不远的丛林里，有一群白皮肤的人，驾着一种奇怪的动物（马），手握一种奇怪的武器（枪），已经威胁到了帝国安危。然而，阿塔瓦尔帕打仗虽是一把好手，却不知“兄弟阋于墙外御其侮”的古老道理，在皮萨罗等人终于抵达印加并通过原住民翻译给出和平信号之后，他便没把此事放在心上，全身心地投入到了内战当中。

这场亡国之战一直打了好几年，阿塔瓦尔帕终于在1532年惨胜。坐山观虎斗的皮萨罗则一直沉住气，并在佩德拉利亚斯死后，得到西班牙国王的委任当上了总督。闻知阿塔瓦尔帕获胜后不久，皮萨罗就带着他的一百六十人“大军”逼到了印加边境。

尽管内战消耗了印加的大量兵力，但帝国至少还有五万大军可以调动，所以虽然皮萨罗的武器科技高出对方好几代，但是兵力的巨大差异还是让他此举如同以卵击石。为了避免苦战，他首先采取宗教降服，派出神父，手持《圣经》与十字架前往传教。

阿塔瓦尔帕对此不以为意——太阳的子民当然有太阳神罩着，上帝算个什么东西？遭遇羞辱的皮萨罗放弃幻想，只好诉诸武力。

印加帝国没有马，没有铁，在战争中十分不利。然而，这还不是最可怕的，孙子曰：“不知彼，不知己，每战必殆”，五万人的印加军队在皮萨罗为数不多的骑兵面前，完全没有防御的战术，于是他们的首领阿塔瓦尔帕便这么莫名其妙地被俘了，皮萨罗征服了庞大的印加帝国！

然而，就在这两个兄弟分别战败被俘之后，他们又做出了令人啼笑皆非的选择。瓦斯卡尔决定向西班牙人进贡黄金，以换取自己的王位；阿塔瓦尔帕得知此事之后，却让人杀掉了瓦斯卡尔，并自己提出用黄金作为赎金换回自由与王位。

黄金？西班牙人顿时打起了精神，几年的辛苦就要换来收成了，就连多年不知所踪的阿尔马格罗也嗅到了黄金的味道，赶来“视察”自己的投资回报。

一屋子的黄金，阿塔瓦尔帕报了这个价——如此巨数，也不知是多少年搜刮来的民脂民膏。

西班牙人很痛快地答应了要求，可是在看到财宝之后，却出尔反尔，按照所谓的西班牙法律判处了印加国王死刑。

此时的阿塔瓦尔帕方才如梦初醒。印加内战多年，阿塔瓦尔帕收拢了权力，江山重新一统，可他也丧失了民心，尤其身陷囹圄时还派人处死了兄弟瓦斯卡尔，贪恋王位而丧权辱国，此时的他已是真正意义的“孤家寡人”，再也没有谁会愿意营救他了。于是这位曾经叱咤安第斯山脉的基多王，临死前只是卑微地提出了一个条件：不要用火刑。西班牙人再次搬出《圣经》——这一次，阿塔瓦尔帕没有再亵渎上帝，安详地皈依天主教之后，接受了绞刑。

黄金，最至高无上的一种金属，代表着权力与财富，可是对于印加这个黄金帝国而言，黄金却成了诅咒与屈辱的象征，帝国从此陷入深渊，几代继任的印加王不断组织起义，却一次次被枪炮与细菌镇压。

皮萨罗终于如愿以偿，在给西班牙国王缴纳了五分之一的黄金并发放赏金之后，他成了当时世界上屈指可

图 1–2 《皮萨罗征服印加》（油画）
作者：〔英〕约翰·埃弗里特·米莱斯爵士

数的富翁。而阿尔马格罗的长线投资也没有再一次沉没在圣胡安河，这让他得以继续南征，深入如今的智利腹地。

可是黄金却依然如同一个魔咒：巴尔博亚因它而亡，印加帝国因它而覆灭，皮萨罗与阿尔马格罗这对搭档也没能逃过这个命运。1539 年，因为分赃不均，皮萨罗与堂兄弟设计杀死了阿尔马格罗。两年后，阿尔马格罗的死忠又伺机报复，皮萨罗身首异处。几十年的争斗，他们用另一种方式前赴后继地诠释了哥伦布的论断：黄金，的确是可以让灵魂上天堂的……

故事说到这里，似乎最大的赢家就是西班牙国王了。然而，随着美洲大陆的大量黄金源源不断流入西班牙，这个大航海时代最无敌的王国，金融系统却遭受了严重冲击。同时，为了保护这些运送财富的商船，中央政府不得不加大军费开支，防止海盗骚扰，确保海上霸权。正如我们可以预料的那样，王国在步入黄金时代的这一刻，骨子里也染上了黄金的毒。在挣扎多年之后，西班牙王国最终在 1588 年不敌英国舰队，百年浮华从此散落。

说到此，我们不禁想问，究竟是什么契机，让西班牙开始了他们的寻金之路？要回答这个问题，就要先把历史倒回去数百年了。

第三节

黄金的转化与哲人石的传说

公元 1492 年，西班牙人哥伦布发现了美洲大陆。不过，西班牙王国其实就在这一年才真正赢得了独立与统一的立国之战。这个新兴的国家，在甩去被殖民的帽子之后，摇身一变，成了殖民者，立即展开了对外探索，也开启了美洲殖民史。

此前的近八百年，西班牙一直都是基督教王国与阿拉伯人交战的前线。伊比利亚半岛上，古老的西哥特人在公元 711 年遭遇了阿拉伯人入侵，不久之后便亡了国，但光复运动却从未中断。

对于当地人而言，阿拉伯人给了他们亡国奴的无尽苦难，却也带来了先进文明——相比于教廷统治下的中世纪欧洲，新兴的阿拉伯文明无论在科技、文化还是经济方面，都更为领先，是一个横跨欧、亚、非三大陆的统一帝国。

在征伐古希腊文明曾经覆盖过的那些地区时，阿拉伯人有幸看到了古希腊人数百年前留下来的一些遗产：医学、哲学、数学乃至天文等，特别是在埃及寻找到了一项非常神秘的技术——它可以将贱金属转变为贵金属，比方说把铅“转变”为黄金。显然，这是个人见人爱的技术，阿拉伯人对此爱不释手，并将这种技术取名为“Alchemy”，也就是我们所熟知的“炼金术”。

其实，在遥远的欧亚大陆东端，当时还是鼎盛时期的大唐也在发展类似的技术——如果追溯历史，还可以再往前推800年，也就是西汉的武帝时期，那时便已经有大量方士开始炼制长生不老药，并探索点石成金的技术。只不过，春秋时期的齐国相国管仲在他的论文集《管子》中就曾讲过：“先王各用于其重，珠玉为上币，黄金为中币，刀布为下币。”因此，在重视珠玉的东方文化中，尊贵的黄金也只能屈居其次。管相的经济政策一直为历代帝王所重视，所以到了汉朝，金丹术蓬勃发展之时，炼制黄金并不是主要目的。更何况，自秦汉开始的中央集权政府，对于金融政策颇为关注。为了维持庞大的帝国经济体系，产量很低的黄金并不具备实用性，在西汉之时主要作为一种货币单位与礼器，实际流通仅仅是在对外贸易和赏赐贵族之时，这些政策也弱化了帝国对黄金的需求。

然而，时间来到7世纪，此时连通欧亚大陆的阿拉伯帝国东征西战，四处贸易，对黄金的需求陡增，如果能够发展出炼金术，对帝国来说自然是求之不得。

总之，炼金术得到了阿拉伯帝国元首的重视，在首都巴格达，一大群科学家、文学家和哲学家开始着手翻译各类著作，希腊文的、拉丁文的，还有古叙利亚文的，不一而足，曾在希腊、埃及等地发展数百年的炼金术，也从近乎于失传的状态重新图文并茂地展现在阿拉伯人面前。

不仅如此，他们还继承了古希腊人的哲学思想，相信有这么一种“灵药”(aliksir),可以改变金属的颜色并炼出黄金，因此炼金术师们需要做的工作，就是寻找出这样的灵药。

从现代化学的观点来看，这当然只是缘木求鱼。所谓的颜色反应不过是些原子层面的化学反应，有的甚至只是将不同金属混成了合金，原子本身并没有发生变化。所以，将贱金属炼制成金子的想法，从一开始就是不可能成立的。

既然思路错了，那么结局也就显而易见，阿拉伯人忙活了几百年，也没能见到炼成的所谓“金子”。

不过尽管如此，阿拉伯人还是在炼金之路上发展出了不少新鲜玩意儿。因为这个项目是国家意志，所以仪器方面的投入不计成本，由此制作出来的蒸馏瓶、曲颈瓶什么的，相比于此前埃及的炼金设备来说，其差距还要大于“精美”与

"粗糙"两个词所能描述的区别。同时，由于阿拉伯帝国与大唐帝国接壤，通过文化交流与贸易，也受到中国炼丹术的影响，使用的原材料更为丰富。例如，阿拉伯人对硝石加以利用，这很可能就是从中国学来的，因为他们称其为"中国雪"；而在他们的炼金术中还有所谓的"中国石"，实际是中国人发明的"白铜"合金。

有了这些基础，阿拉伯人对各类矿物进行了深入研究，并留下大量文献。

他们学会了酒精的提纯技术，至今英语中的"酒精"一词还打着阿拉伯文的烙印（酒精的英文为 alcohol，而 al- 是阿拉伯文特有的前缀）。

他们学会了氢氧化钠的制法，冠以苛性碱（alkali）的名字，这在电解技术发展之前实属不易，并由此发明出了香皂——皂化反应只要有油脂和强碱就能实现。

他们还学会了硫酸的提纯方法。有了硫酸，就可以得到硝酸和盐酸；有了后面两种酸就可以混合制成王水，而王水能够腐蚀黄金——所以，阿拉伯人虽然没有找到炼金之术，但至少发现了化金之术。

更重要的是，炼金术还对哲学体系产生了莫大影响，实证主义思想的萌芽便是在这个过程中产生的，这完全不同于希腊古典哲学。实证，不可避免带来的就是定量化需求，所以此时的炼金术已经开始注重精确称量和收集气体，这更是突破性革新，也为后世化学学科的诞生埋下了种子。不得不承认，阿拉伯人的炼金术已经靠近了科学门槛。

所有的这些经验与哲学，都会有帝国的一些炼金术大师整理成册，其中最为杰出的当属阿维森纳[1]，他被认为是阿拉伯帝国黄金时代杰出的思想家与作家之一。据说，少年时代的阿维森纳对于亚里士多德的形而上学感到疑惑，就干脆把他的经典著作逐字背了下来，因而被很多人视为天才。然而这位天才虽然记住了每个字，却并不理解其含义，这让他寝食难安，直到有一天，他在街边书摊花了三个迪拉姆买了本法拉比[2]的批注，这才茅塞顿开。因此，虽说二人在真实世界中并无交集，阿维森纳还是将法拉比称作老师。

阿维森纳一生写下许多著作，仅翻译成欧洲文字的就有200多部，《医典》则是其中的代表作，在后来的几百年中都是欧洲奉若至宝的经典。除此之外，也有不少炼金术方面的书籍，不过据考证，有一些其实是冒用他的名号撰写的，毕竟阿维森纳本人对于炼金术一直存疑，他认为这没有可能

1　Avicenna，波斯民族，其阿拉伯名为伊本·西那，Ibn Sina，阿维森纳为其拉丁名。

2　Abu Nasr Muhammad al-Farabi，阿拉伯著名的医学家、哲学家、音乐家，生活在9—10世纪间。

得到黄金，所获不过是些赝品罢了。但不管怎么样，炼金术的各类资料还是经由他保存了下来。

转眼又是几百年过去，此时西班牙的两大王国——卡斯蒂利亚与阿拉贡，依然高举着基督教伟大教义，在比利牛斯山的山坳里与信奉伊斯兰教的阿拉伯人浴血奋战。在此过程中，黑暗的中世纪基督教文明感受到前所未有的压力，逐步开始解放思想，尝试“师夷长技以制夷”，而科技文化交流的前沿，正位于双方拉锯战的西班牙。

1085 年，基督徒攻克了重要城市托莱多，并将其设立为卡斯蒂利亚王国首府，各行各业的学者汇聚此处，翻译那些缴获而来的阿拉伯著作，炼金术也在其列。于是到了 12 世纪，已经在阿拉伯日臻成熟的炼金术，经由这里传到了巴黎，传到了科隆，甚至还飘过北海，传到了牛津。作为咽喉之地的西班牙，尽管因为战事连连，在推动炼金术实际发展方面的贡献不多，但对于黄金的渴求，却远甚于其他欧洲国家，这也促进了他们在祖国尚未统一之时，便展开了大规模的海上寻金活动，向大西洋一次又一次发起探险冲锋。

花开两朵，各表一枝，不说西班牙人，我们看看这传到欧洲腹地的炼金术，究竟经历了怎样的发展过程。

炼金术重回欧洲大陆，这给了欧洲学者很大的冲击，不为别的，只因他们发现，从敌人手中学到的“技术”，居然原本就诞生于欧洲。这颇有些像中国人在 17 世纪以后向欧洲学习火器的景象，老祖宗传下来的本事没有继承和发展，心里终究是有些不平衡。所以，欧洲人抛弃了“灵药”的说法，取而代之的是更有古希腊遗风的术语“哲人石”，传说采用哲人石便能点化贱金属，数百年的炼金史其实就是寻找哲人石的过程。很明显，通过这样的改头换面，他们是在向古希腊的先哲们致敬。

当然，理论上都不可行的事情换什么名头都没有意义，阿拉伯人没有找到灵药，欧洲人对于哲人石的探寻自然也是无功而返。

实际上，炼金术刚刚开始在欧洲流传时，就已经引发了不少争议。

大约 12 世纪末，阿尔贝图斯·马格努斯（Albertus Magnus）出生于巴伐利亚地区的劳英根，因为他有一段时间担任多米尼克教团主教，故而又被后世称为圣阿尔伯特（Saint Albert the Great）。一生之中，他都在钻研神学与哲学，对炼金术也非常熟悉，发现并提纯了砷元素，还留下了大量著作。但他的主张与阿维森纳一脉相承，认为炼金术是一种伪科学，基督教士不应当参与其中，于是在很长时间里，主流的基督教文化并不接受炼金术，反而视其为异端。不过，正是因为他的研究全面分析了炼金术的得失，并由此汇集成

《论炼金术》专著，这也成为后世学习革新的基础。

有人持否定态度，也就有人坚定地支持，不列颠岛上的罗杰·培根（Roger Bacon）便是其中一位。他支持炼金术的理由，是认为传统经院哲学不过是些思维游戏，真正的科学还是需要靠实验去完成，并着力设计制作了大量光学仪器。可想而知，在13世纪那个年代，如此明目张胆地批判权威，他的日子一定不好过，只是托教皇克莱门特四世（Pope Clement IV）的福，他还可以公开自己的研究成果，并有幸将自己的作品《大著作》（*Opus Majus*）呈给教皇赏读。不过，到了1268年，开明的教皇逝世，他的好日子也就到了头，在度过不为人知的9年之后，1277年，据说年过花甲的他还是遭受了牢狱之灾，直到死前不久才被释放。但他坎坷的一生并非没有收获，至少对于不久即将爆发在欧洲大陆的文艺复兴来说，他的思想起到了重要作用。从实用的角度说，正是他通过重复阿拉伯人的实验，将原本发明于中国的火药术引进到了欧洲，在军事上武装了欧洲文明。

因为双方争执不下，欧洲炼金术发展的最初一两百年，教会也无力表态，既不承认其地位，也没有斩草除根。所以，相比于同时期的女巫来说，同样有妖言惑众之嫌的炼金术士们，境遇显然还是好了很多，但终究不为主流文化所容纳。

炼金行业也混入了大量底层人民，他们的唯一目的就是想靠这一技术赚钱。毫不意外地，没有阿拉伯那样的官方支持，这些“民间科学家”炼出来的金多数都是一些障眼法的小魔术。比方说，有一种炼得黄金的方法，是将铁棒放到药剂里面煮，但实际上，铁棒的一头灌了点金粉并用蜡封住，受热后蜡一融化，便好似产生了黄金。有些魔术的技术含量更高一些，比如把镀银的金块放到硝酸里，利用硝酸可以将银氧化却不能氧化金的原理，点银成金。但无论怎么做，那些炼金术士自己心里其实很清楚，并没有什么黄金因此而炼成，他们只是招摇撞骗而已。

14 世纪之后，欧洲却又出现了另一幅景象。相传这一时期，英国国王大肆推行炼金术，将黄铜作为高仿黄金输送到法国，而在英吉利海峡对面呢，法国国王也在做着同样的事。考虑到两国此时正在打着旷日持久的“百年战争”，那么此时的炼金术是否就是双方在“货币”这个战场上的武器呢？不独英法两国，同一时期的炼金术是各大封建国王或城主的宠儿，几乎是村村冒烟，全民炼金，连宫廷里都设置了炼金房，颇有些中国西汉时期炼丹盛行的氛围。

在《哈利·波特》这部风靡全世界的系列小说中，霍格沃茨魔法学校也没有让炼金术缺席。书中提到的一种魔法石，其实就是炼金术师所说的哲人石，主要功效是长生不老，因此它的主人尼可勒梅活到了660岁。所谓的长生不老当然是小说家言，但尼可勒梅倒是确有其人，如果按照小说的成书时间倒推，那么他应该出生在14世纪30年代——没错，他的原型就是被认为史上最传奇的炼金术师尼古拉斯·弗拉梅尔（Nicolas Flamel），恰好出生在1330年。

令人遗憾的是，翻开这位炼金术士的生平，其实并没有太多波澜，他创造的所谓传奇，只不过是宣称自己研制出了"哲人石"，这块石头可以点石成金不说，还让他和他的夫人从此万世不朽。当然，如果只是这么说，世人不会因此上当，即便他生前写下了一部炼金术著作《象形图论述》，别人眼中的他也不过就是个有点学问的狂士，所以死后两百多年，弗拉梅尔一直籍籍无名，并没有引起多大反响。

然而一个偶然的机会，17世纪初，当他的这本著作被翻译成英文流传到海外之后，英国的炼金术士们惊呆了，立即掀起一股寻找哲人石的热潮，弗拉梅尔摇身一变成了大师，并时常出现在文艺作品中——在《哈利·波特》之前，雨果的《巴黎圣母院》就已经使用过这一典故了。据说，将弗拉梅尔作品翻译成英文的，就是大名鼎鼎的牛顿爵士。当然，这个传闻只是附会而已。牛顿的确是一位热衷于炼金术

图 1–3 《炼金术士萨恩迪沃基乌斯》（油画），反映中世纪欧洲的炼金术盛况
作者：〔波兰〕扬·马泰依科

以至于忘了发表微积分论文的科学家，可这本书引进伦敦时他还没有出生（但他很有可能读过此书）。

撇去喧闹浮华不提，这个时期的炼金术行业虽说依旧是骗子横行，但也确实有了不小的进步。

首要一点是理论逐步健全。阿拉伯人最初用亚里士多德的四元素论武装了炼金术，这也是基督教会并没有一棒子将炼金术打成巫术的原因之一。但这只是抽象的假说而已，直到欧洲人消化吸收了三五百年之后，炼金术的一些概念才逐渐明晰，并且引出了一个重要而又基本的问题——元素到底是什么？最基本的元素究竟是四元素、五元素，还是三元素？这引发了众多自然学者的思辨——思辨，是从蒙昧通往科学的敲门砖。

其次是“实践出真知”的科学素养逐渐深入人心。不难看到，这个时期的实验仪器逐步得到改进，精巧得让人眼花缭乱，曾经的炼金术以金属或陶瓷容器为主，慢慢被替换成了玻璃器皿，观察反应过程变得更加容易，各种量具的精度在这段时间更是突飞猛进。

还有一点就是激发了医药化学。医药化学的主要任务，其实和中国的炼丹术相似，但是有了理论与实验方面的基础后，欧洲人取得的成果远非炼丹术可比，这一领域的炼金术士也层出不穷。特别值得一提的是范·赫尔蒙特（Johann

Baptista van Helmont），他曾经做过一个著名的柳树实验，证实植物生长的主要原料来自水与空气。尽管在分析实验时，他将水与空气误认为是自然界两大基本元素，但在当时，是他的这个实验将人们的视线从土壤聚焦到了空气。

不久之后，一位崇拜赫尔蒙特的学者横空出世，并继续开展了对空气的研究，他就是与牛顿同在皇家学会的波义耳。

波义耳与牛顿不只是同僚兼好友，两人更是都热衷于炼金术。他时常与牛顿讨论炼金术的一些话题，尤其是如何将牛顿力学引入到物质反应中，而这也是机械化学论的起点。尽管在量子力学奠基之前，任何将牛顿力学生搬到化学反应中的努力都是徒劳，但很多概念却是在这个过程中被激发，比如说“物质是由颗粒构成的”。除此以外，他还通过实践推导出了气体的“波义耳定律”，发现了酸碱指示剂，研究了磷的性质等。

然而，以今人的眼光来看，波义耳无疑是炼金术的掘墓人。在其著作《怀疑的化学家》中，他巧妙地化身“怀疑派化学家”，批评了“逍遥派哲学家”与“医药化学家”的思想问题，而所谓“逍遥派哲学家”，其实正是信奉亚里士多德思想的那群人。

怀疑就像砂锅上的裂痕，一旦开始，就不会再有弥合的那一天。于是，数百年来从未真正炼出黄金的炼金术，在此时遭遇了最大危机，无论是贵族还是平民，无论是宗教的拥护者还是科学的倡导者，对炼金术都产生了不信任，而这种不信任与早期不同，是一种站在理性定量思维下的怀疑。此后，炼金术的基石迅速被掏空，并被搬来搭建近代化学的构架，至于剩下的那些糟粕，很快就被扫入了历史的垃圾堆。

然而，科学的建立并不能驱散所有的愚昧，甚至直到 19 世纪，当经典化学已经足够成熟，即将向量子化学过渡之时，仍然有不少炼金术士活跃在欧洲大陆，从事着招摇撞骗的买卖。就算到了今天，也不知还有多少人做着天上掉馅饼的美梦，相信有这样一门技术，只要对一点小钱略施魔法，瞬间就能变成一堆大钱，很多人因为贪图这样的便宜而上当。

1984 年，哈尔滨有个叫王洪成的发明家宣布，他实现了“水变油”技术——只要向水中添加少量的汽油，再滴入一点他特配的药剂，就可以得到一种比汽油燃烧值更高的燃料。这个说法完全不符合现代化学的规律，却得到了很多媒体乃至专业人士的拥护，无数人对他的技术深信不疑，寻他拜师或合作，希望掌握这门技术一夜暴富。然而，这些信徒的致富梦没有实现，王洪成倒是迅速发家致富，敛财过亿之巨。令人匪夷所思的是，他并不高明的骗局，直到十多年后才被揭穿——这何尝不是现代版的炼金术余孽？

炼金，不过源自最原始的贪婪本性。

第四节

黄金的秉性与现代化的光环

点石成金，终究只是黄粱一梦，但是光彩夺目的黄金究竟是如何炼制出来的呢？

说起来也许令人感到有些惊悚，现如今的“炼金”技术得到的黄金虽然纯度很高，却经常需要用到剧毒的氰化物。这种技术被称为“湿法炼金”，与骗人的炼金术不同，用于湿法炼金的原料中本来就含有金元素，并非是妄图将贱金属转化为黄金。

自然界中，黄金多数都是以游离金属形式存在，但含量实在是太稀少了，就算是金矿，一吨矿土中大概也就几克黄金而已，要想筛分当然是困难重重。

如果能够找到一种溶液，把金元素萃取出来就好了。

基于这样的理解，工艺师们开始寻找这样的溶液。可是黄金的化学惰性举世皆知，就连硝酸这样的强氧化剂都对它无可奈何，所以这样的溶液并不好找。然而采用氰化物湿法炼金，正是利用了金元素的特殊性质，才实现了黄金的提纯。

氰化物是一类令人胆寒的剧毒物质，几十毫克就有可能置人于死地，经常出现在各类影视作品中，威名远扬。之所以会这样，是因为它所含的氰离子与金属之间具有特殊的亲和力，用化学术语来说，这叫作“配位能力”。它可以和血液以及线粒体中的铁元素结合，特别是钳制了指挥呼吸作用的细胞色素，于是失去呼吸机能的细胞很快就会缺氧而死。对于细胞的主人而言，吞下足量的氰化物毒素，就如同被掐住了脖子一般，不多久便会死亡。

氰离子的超强魅力，就连高贵的黄金也无力抵抗，甚至为了能和它结合，不惜和空气中的氧气发生反应——只要有空气和水的存在，氰化钠就可以把游离的金颗粒溶解，从而使得金粉与岩石沙土分离。得到的黄金溶液再经过还原处理，璀璨的金子便被提纯出来了，熠熠生辉，正可谓是出淤泥而不染。

说起来很简单，但是湿法炼金的实用化还是 20 世纪的事情。在此之前，黄金还只能是从一些流淌着金砂的河水里去淘。长江上游就曾是金矿重地，人们可以在此处沙里淘金，因此这一段长江也被称为金沙江。毫无疑问，淘金的效率不会很高，所以直到19世纪美国西部的大金矿被发现之前，全世界每年的金产量都没有出现大的波动。

说到此，我们不禁有些疑问，一直以来，黄金都是权力的象征，是贪念的墓碑，那么如今这个工业发达的社会，黄金既不需要献给帝王将相，也难得会被铸成金币，为何炼金产业依旧如此兴旺？

这首先还是要归功于金融与投资方面的需求，使得一些贵金属成为一类特殊的商品。所谓“贵金属”（英语中称 noble metal，因此也经常被翻译为贵族金属），是指在元素周期表上连成一片的八个元素——钌、铑、钯、银、锇、铱、铂、金。这些金属共同的特征，是在地球上比较罕见，开采难度大，自然就比较贵重。相对而言，银的价格要远远低于其他七种，若不是因为在历史上被长期作为货币流通，贵金属的名号实在有些名不副实。不过，即便是其余七种贵金属，也并非是最贵的金属，比如可以和金形成金化铯的那个铯元素，单价都要比黄金高出好几倍，更别说那些花费巨资制造出来的人造元素了。可见，能够位列贵金属，除了昂贵的价格之外，更有其他方面的原因，尤其是装饰功能。

贵金属都可以被打造成首饰，而首饰在民俗文化中代表的意义就是富贵。长期佩戴的过程中，首饰会接触各种污染物，所以能够打造首饰的金属必须做到化学性质稳定，而这正是贵金属的重要特征。只不过，由于纯金属的质地通常都比较软，加工之后很容易变形，所以我们在首饰店里见到的一般都是合金，例如“18K 金”“925 银”“Pt 950”等标号，分别代表的就是 75.0% 的金、92.5% 的银以及 95.0% 的铂。

不过，在这些贵金属中，黄金依然还是最受青睐的那一个，大概只能从历史角度以及它的颜色特征去发掘原因了。很多时候，人们对黄金装饰的追逐还有些自欺欺人的感觉，比如很多建筑会选择金碧辉煌的装修风格，刷上一些金光闪闪的涂料，是不是真金不重要，看上去很像黄金就足够了。

黄金对于人类文化的影响当然不止于此，它也在我们每天使用的语言中留下了身影。就拿汉语来说，“金”和“银”构成的词汇与“铁”相仿，都有三四百个之多，远远超过了其他化学元素。无论办什么事，我们都需要“资金”的支持，尽管随着互联网“金融”的日益发展，“现金”变得有些无足轻重，但是，我们账户上的“金额”一定要充沛，而国家的“金库”更不能枯竭，毕竟有很多项目需要“重金”投资……

毫无疑问，金元素更像是一种符号，我们在乎黄金的同时，也很在乎它的象征意义。甚至这种象征意义还延续到了数学之中：著名的“黄金分割”比例，据说是由毕达哥拉斯发现，而在欧几里得的《几何原本》中就已有了详细论述，是数学与美学的结合体——除了“黄金”，还会有什么词汇可以代表这种“完美”？

尽管黄金的权力色彩正在逐渐褪去，可人们依然坚信，只有最优秀，才能与黄金相配，这一理念几乎在当今所有人类的竞技场上延续着。代表着最高体育水平的奥运会，金牌只属于站在最高领奖台上的英雄们——虽说如今所谓的“金牌”也并非纯金，但也绝不会不含金。

正是因为黄金自古以来尊贵的秉性，它们还悄然进入了饮食行业。如今，采用金箔纸包装的贵重食品已不稀奇，有些药材的黄金包装甚至可以与药一同吞服，有没有药效倒在其次，关键在于与众不同，或许能够带来一些安慰剂效应。不仅如此，随着金箔被批准纳入“食品添加剂”名录，金箔食品也开始多了起来，比如有一种“金箔酒”，黄金微粒在酒中反射出一道道金光，甚是好看。如此品酒，除了酒香，毫无疑问还充满了强烈的仪式感。

事实上，哪怕就为了这份仪式感，黄金也不可能从我们的生活中隐身。

可是，黄金就没有什么实用价值了吗？

并非如此。实际上，如今的黄金迎来了史上最美好的时代，因为人们终于认识到，这种金属除了美貌，还有才华。

才华之一当然还是源于它的化学惰性——黄金不会被腐蚀，所以稳定性极高。不过，昂贵的价值注定了黄金只能被少量应用在工业产品中，但是反过来说，如果某种产品中使用了金，那么其中的黄金一定是无法被取代的——比如说手机电路中的镀金膜。

智能手机是一种高度集成的设备，从硬件的角度说，这需要在狭窄的空间里排下更多的电路，所以电路板的体积越来越小，而导线的直径也只好相应地缩小。电路通常都采用铜作为导线，可是铜的耐腐蚀能力不强，很容易生锈，如此精细的铜线一旦有了锈点，信号传输就会出错。如果给这些铜线镀上一层金，导线就可以免遭氧气和水的腐蚀了。当然，如果不计成本，直接用金丝做导线，效果大概会更好，毕竟黄金的导电性与铜相仿，在所有金属中仅仅是略低于银。

由此看来，如今几乎每个人都离不开的手机，就是一种由黄金“打造”而成的产品，尽管这其中的黄金只是微末的一点点。微末到什么程度呢？一只金戒指所需的黄金量，足够数十万台手机使用。所以，虽然我们知道手机中有黄金，但是要想从中提炼黄金，却是一件得不偿失的事。

不过，还真有些人打算做这样的赔本买卖，2020年东京奥运会的主办方便是其中一员。日本是陆地资源的小国，循环经济一向搞得有声有色，在奥运会这样一个宣传科技与价值观的舞台，他们想到了回收废旧手机提炼黄金的点子，以此来铸造金牌。不过核算下来，这场奥运会需要发出去500多块金牌，每块金牌的含金量不少于6克，合计多达3千克的黄金用量，如果都来自于回收，恐怕需要几亿台废旧手机作为原料才够用。

优异的防腐性能，让黄金在工业上还拥有很多用途，但这还算不上是它最独特的才华。

在所有的元素中，金的延展性可谓是无出其右。延展性实际是延性和展性的组合：所谓延性，指的是拉丝能力，而展性则是指压片能力。黄金的延性仅次于铂，展性则独占鳌头。让人惊讶的是，如果持续锻打一块金子，最终可以得到一片厚度大约只有500个原子的金箔，因为实在是太薄了，连外观都呈现出半透明。

正是借助于它的这一特点，科学界经常采用金箔来做实验，这其中最出名的莫过于α粒子散射实验了——前面提到的原子行星模型，正是卢瑟福依靠这个实验的结果才提出的。α粒子其实就是氦的原子核，呈正电性，很多放射性元素都会释放出它。1909年，卢瑟福指导他的助手用α粒子轰击金箔，出乎他们意料的是，大多数粒子竟如同杀入无“原子”之境一般，直接就穿透过去了，只有少数发生了转向，还有极少数被弹回了。卢瑟福思来想去，认为除非原子像太阳系那样，绝大部分质量都位于中心，否则无法解释这个问题（详见《元素和弦》一章）。这个实验引起的革命性结果，彻底改变了20世纪的科学进程，也为玻尔和爱因斯坦后来的论战搭建了舞台。

野蛮的掠夺时代早已过去，但是黄金的象征性与实用性，使得它依旧是一种令人趋之若鹜的金属。然而地球上的黄金储量终究是有限的，如今的湿法炼金，虽然效率很高，可以从品位很低的金矿中提炼出黄金，但是所用的氰化物终究是一类对生态圈极不友好的物质。

2000年1月，罗马尼亚的一处金矿污水池不慎发生漫坝事故，大量氰化物废水流入多瑙河，虽说响应迅速没有造成人员伤亡，但是这一事件对多瑙河的破坏却是致命的，好几年都未能恢复元气，下游国家深受其害，并引发了国际诉讼。同年10月，在中国福建省上杭县，一辆行驶在紫金山金矿的槽车不幸翻到山沟里，车上7吨氰化物泄漏，造成下游村民98人中毒，事故也被定性为特大事故。只要人类寻金的脚步不止，这样的悲剧仍然还有继续发生的可能。

但不管怎么说，古老的黄金，终究还是在现代化的世界里焕发了新的风采。它启发人类创造了文明，又陪着人类书写了历史；它是最天然的货币，也是富贵与权力的象征；它装点着脖颈与手腕，也威胁着生态与环境；它是信息工业的宠儿，也是科学研究的常客。

面对如今的纷繁喧闹，黄金独善其身，这股洁身自好的气质令人神魂颠倒。数千年来，它傲人的容颜从未改变，不管是埋在苏美尔人的遗址中还是陈列于故宫博物院，也不管是身处印加人的王宫还是堆放在西班牙人的战船，一切野蛮与贪婪在它的面前都显露无遗，无所遁形，但是一切文明与繁荣却又离不开它的播种。或许，正是在它的启迪之下，人类才得以从容地走进了“青铜时代”。

Cu

第二章
青铜时代

/

Bronze Age

以铜为镜，可以正衣冠；以史为镜，可以知兴替；以人为镜，可以明得失。

——（唐）李世民

第一节
礼仪之邦

要谈人类文明，铜恐怕是绕不开的一种元素。说起来，它与金和银还算是近亲——元素周期表上，金、银、铜属于同一族，也就是从左往右数的第 11 列。铜和金之间，不仅在化学性质上有着很强的关联，文化上也可以说是一脉相承。我国古代的很多文献中，汉字“金”所指的，其实是铜而非黄金，比如《过秦论》中提到秦始皇所铸的“金人十二”，说的便是十二尊巨大的铜人。

相比于金银，铜的化学性质要活泼得多。自然界中，金矿和部分银矿均以游离金属的形式存在，可是游离的金属铜却少见得很。铜矿通常以各类化合态的矿石存在，诸如绿松石、孔雀石、胆矾之类的很多青色系矿石，其中往往都有铜元素的影子；偶尔，铜矿石也会出现鲜艳的红色。总之，鲜艳的颜色使得它很容易就从那些岩石中脱颖而出。

人类的远祖们不难注意到这些耀眼的石块，甚至还会有意识地进行收集。在炭火的炙烤下，铜矿石很容易还原成铜的本尊，例如孔雀石的主要成分叫作碱式碳酸铜，而炭火燃烧时产生的一氧化碳还原性很强，两者相遇之后，在不太高的火焰温度下就可以得到纯铜。因此，考古发现，无论是哪一个成熟的文明，其冶炼技术的开端都是从炼铜术开始，这并非是偶然的。

铜矿易被还原，可是金属铜的氧化也不难发生，就是这样的变化无常，铜给我们带来了不小的麻烦。

1986 年 7 月 4 日，美国迎来独立日庆典，与往年不同的是，这一年正逢美国的地标建筑——自由女神像的百岁诞辰。她是法国献给美利坚合众国百年国庆的厚礼，不知不觉已经在纽约站立了百年之久，于情于理，美国人都应该围着女神，举行一次大派对。事实上他们的确也是这么做的，数百万人在现场参加了庆典活动，并且向全球转播了这一盛事，时任美国总统里根再现了一百年前格罗弗·克利夫兰（Grover Cleveland）总统为女神揭幕时的场景，乘坐着军舰来到哈德逊河口，美国的政商名人、媒体名嘴、娱乐明星纷纷前往捧场，单是庆典尾声燃放的烟火就有 20 吨重。

随着这次庆典的闭幕，女神也重新开始迎接游客的光临。此前两年，人们所能看到的女神，只是一尊被脚手架包裹着的雕像，仿佛一具现代版的巨型木乃伊——但她其实是在接受一场史无前例的手术，也就是为了庆典而进行的修复。尽管我们如今不难看到关于此次自由女神修复的资料，但其中的惊心动魄却罕有人知。

自由女神是美国文化的象征，也是法美传统友谊的信物，一直以来，人们几乎可以脱口而出她的肤色——青蓝色。然而，就在法国雕塑家巴托尔迪（Bartholdi）完成这件作品之时，女神其实是一位透着一点嫣红的“黄种人”，只是历经百年的风吹日晒，才变成了如今这副外星人模样。

由黄转青的过程，正是金属铜氧化的杰作，一种常见的金属锈蚀现象。由于铜锈通常都是青绿色，所以又被称为铜绿，其主要成分正是孔雀石当中的碱式碳酸铜。

自由女神在她诞生后的前一百年岁月里，命途多舛，好莱坞商业大片一次又一次地用外星人、洪水海啸、战争、怪兽等各种灾难，将她摧毁得面目全非。而在现实中，她的很多遭遇也令人唏嘘。尽管作为热门旅游景点人潮涌动，可还是隔三差五就有一些针对她的破坏行为，每一次都能引起现场骚乱，有时候不法分子甚至在她脚下引爆了炸弹。事故越来越频繁，安保也在不断升级，不少抗议者反而变本加厉，把女神作为最佳宣传地点，一言不合就威胁要去炸了她，就连恐怖分子都来凑热闹，设计各种摧毁自由女神的计划。美国政府不敢掉以轻心，但凡有一丝线索，首先便让女神闭门谢客，这里大概也成了如今对峙双方最重视的非军事战略目标了。

正是在一次抗议活动中，有两名抗议者努力地爬到了女神的长袍上，这才揭开了 1984 年修复工程的大幕。

其实历数这些人为的破坏，到目前为止都还算不上伤筋动骨，真正让女神憔悴的还是自然环境。据统计，就在“自由照耀世界”的这一百多年里，女神遭遇的雷击多达 600 余次。比这更严重的破坏是前面提到的生锈，对她而言，这就好比是一场久治不愈的慢性病。

要说病症，早在 20 世纪初就被人们注意到了，肤色的变化如此明显，甚至无须知晓化学知识，大家都已经明白女神的身体欠佳。

然而当管理部门着手修复时，纽约市民却说，蓝色的自由女神看起来比黄色的更美丽、更自由，于是这个计划就一直耽搁下来，没有实施。

到了她百岁寿诞前遭遇的这次攀爬，情况却完全不同了。当抗议者被警察带走之后，女神像的管理员从内部的梯子爬上去，透过窗户检查抗议者造成的破坏以便估算损失。他明明记得，那两人攀爬时使用的并非岩钉而是吸盘，可女神的外表面却实实在在地出现了很多孔洞，这让他匪夷所思，只得请教相关的专家。不久之后，一拨又一拨的工程师们前往观察，从多个角度进行分析，这才有了初步的结论——自由女神像的腐蚀问题早已不是“疾在腠理”，而是就快病入膏肓了，再不进行修复，美利坚的自由象征说不定哪一天就倒塌了，至于照耀世界的那柄火炬，更是已经摇摇欲坠。

最初设计安装自由女神像时，巴托尔迪提出，火炬要能够被点亮，于是火焰部分被挖出250扇窗户并安上玻璃，光线便可以从中透射出来，有如暗夜中的一盏灯塔。因此，信奉实用主义的美国政府便将其管理权纳入到了灯塔管理委员会（United State Lighthouse Board），自由女神像就真的被当作灯塔，为纽约周围的行船指引方向，这一指就是16年。直到后来，人们觉得女神乃是国家象征，这样做实在有些不合适，她所站立的自由岛才最终成为纯粹的观光胜地，但火炬的灯并未就此熄灭。

工程师们对火炬进行诊断时，发现它早已严重变形，就像一盏形状诡异的中式灯笼，凹槽当中还有很多鸟粪，看来纽约周围的生态环境还不错。不过，工程师们可不这么看，他们知道这鸟粪对于金属来说就是“病原体”，并猜测大气环境怕是已经非常糟糕，只有酸雨才会让女神的容颜如此衰败。

一阵七嘴八舌之后，美国政府认可了这一结论：百岁庆典之前的一场大型修复是不可避免了。为此，他们迅速组织了修复团队，但匆匆建起的团队并没有达成统一的处理方案，只是觉得酸雨造成的铜绿会像瘟疫一样蔓延，便采用喷砂的处理方式，用弱碱性的小苏打进行打磨处理。

但情况却变得更糟，原来没有变蓝的地方也开始发生氧化。

几经波折之后，工程师们知道如此蛮干恐怕会适得其反，各自开始潜心研究，并请来法国的同行，翻阅当初的设计方案，这才最终搞清楚了其中缘由。

实际上，在水、氧气以及二氧化碳浓度适合的条件下，金属铜转化为铜绿是一个可以自发进行的化学反应，所以长期接触这些物质的铜制外表面逐渐变绿，这不足为奇。不过，对于铜绿的作用，最初的修复团队却出现了严重误判：他们认为，这些铜绿是铜被氧化所致，显然是造成女神有恙的罪魁祸首。但经过实验室检测后却发现，铜在氧化后产生的复杂结构，对内层金属铜其实是一种保护，腐蚀速度因此变得更为缓慢，估计需要 1000 年，女神的那一层铜质皮肤才可能被锈穿。

所以，真正的病因还不在此。

重组的修复团队将目标锁定到了自由女神的骨骼上——

也就是支撑外层铜皮的铁质骨架。

“这结构看上去就好像是一节电池啊……”研究者们如是说。

如果不是从事相关专业，一定会对这个比喻不明所以，然而对于这些研究腐蚀的专家们来说，“电池”一说却意味着离真相近了许多，背后的故事，可就要牵扯到两百多年前的一桩公案了。

18 世纪末，意大利生物学家路易吉·伽伐尼（Luigi Galvani）在解剖青蛙实验中发现，用铜镊子与铁镊子一同触碰剥皮后的蛙腿时，蛙腿居然会出现痉挛，见图 2-1。他非常肯定这是一种电效应，但以当时的认知水平来说，要想解释电从何而来却是一个大难题。多次试验之后，他认为，这是一种“动物电”，由生物体自身所产生，也就是说，动物体内有电，在使用导电的金属触碰时发生放电形成痉挛，随后他将研究结果公布于世。

但是另一位意大利科学家亚历桑德罗·伏打（Alessandro Volta）对此却深表怀疑，因为这样的解释中还存在一个严重的破绽：若使用相同金属触碰时，便没有了这一现象。似乎，不同金属才是放电的根源，与生物体不一定存在关联。

循着这一思路，他设计了新的实验，并最终证实了自己的想法。的确，只需要一些盐水，将两个不同的金属片插入其中，连接金属片的导线中便可以显示有电流通过。这个实验是物理及化学史上一座重要的里程碑，直到今天，很多人的第一个自制科学实验也还是“橘子电池”——用两根金属棒（通常分别为铜棒与锌棒）插到橘子中，便可以重现这一经典时刻。

伏打在这一发现的基础之上，进一步发明出了一种可以持续放电的装置，世人称之为伏打电池，这也是人类发明出

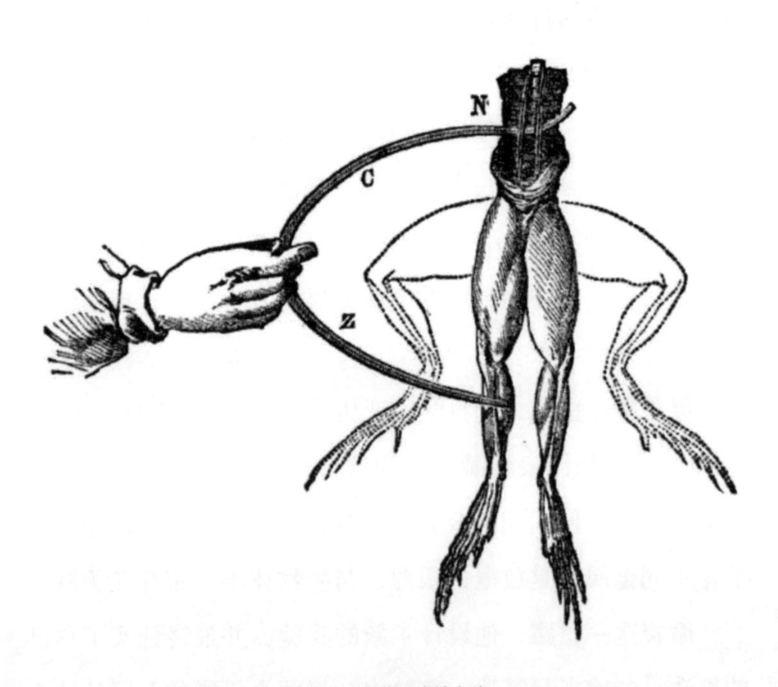

图 2–1　伽伐尼青蛙实验

的第一种直流电源。不过，伏打本人并不贪功，他将此电池称为“伽伐尼电池”，赞誉他首次发现了这一现象。后来，伽伐尼的名号更是在电学中不断出现，镀锌工艺也被称之为“伽伐尼化”（Galvanization）。

显然，事实已经证明伏打的理论是正确的。不过，科学的奇妙就在于，错误也是必要的构成部分。伽伐尼所说的“动物电”，并非完全没有道理，他本人至死也在坚持生物体内有电的观点。两百多年过去了，如今的电生理学已经证实了这一说法，而采用电进行理疗的方式，与他当年电击蛙腿的实验又何其相似？

不过话说回来，伏打究竟怎么解释这种放电机理的呢？他的观点其实很简单：不同金属之间存在差异，一种不活泼的金属相对于另一种活泼的金属会形成正电压。由于当时连原子的概念都不明晰，更枉论所谓的原子结构，所以虽说伏打是当时一位杰出的物理学家，对此也只能考虑到这个程度。借助于现代原子理论，我们如今可以更精确地描述伏打电池的本质，就以橘子电池为例——金属锌碰到橘子汁的时候，就跟活泼的孩子看到大海一般，兴冲冲地就把外围电子脱掉，变成锌离子跳到橘子汁中畅游；酸性的橘子汁中充满了氢离子，原本也在很开心地游着泳，这时看到一大批锌离子大大咧咧地占领了海岸，便羞涩地想要离开；可它们需要来到金属锌的表面才能穿上电子，这就显得很尴尬，毕竟锌的表面还有很多没有散开的锌离子，与它们之间存在着斥力；这时，金属铜掺和了进来，它与锌棒之间搭起了一根导线，可以输送电子，锌元素“脱”下来的电子很快就跑到了铜的表面；由于金属铜惰性比较强，表面没有很多铜离子在扩散，于是氢离子便掉头顺着电解质的洋流游到铜的表面，“穿”上电子之后化身氢气逃逸了。显然，这是一个氧化还原反应的过程，只不过它产生的能量以电能的形式体现出来了，如果在导线上接一只小功率的灯泡，从锌棒流到铜棒的电子甚至可以点亮它。由于电子呈现负电荷，电子流动方向与电势（电压）方向正好相反，故而在伏打看来，就是不活泼的金属给活泼金属带去了“压力”。伏打经过反复试验，排列出了金属的活动顺序，并测量出各金属之间的“压差”，如今在中学化学教科书上仍然可以看到他的成果。为了纪念他在这一研究领域中的贡献，电势这个物理量的单位伏特（Volt）便是以他命名。

讲完这个故事，我们再来看看自由女神像修复团队做出的这个评语是多么贴合实际——自由女神像的铁质骨架，虽然没有直接与外界的残酷环境接触，但它们却通过铆钉等结构，与铜质的外皮连通了起来。由于铁的活动性要高于铜，因此，这样的结构其实还保护了金属铜，让它的腐蚀速度进一步降低，但铁的腐蚀速度却显著加快。更为严重的是，原本隔离在铁架与铜皮之间的石棉也早已老化不堪，这使得铁铜间的接触面积更大，修复工作也就成了一项巨大的难题。

最后，修复成了名副其实的移植手术。自由女神的“肋骨”被一根根取出，然后又依次换上了不锈钢的新骨骼，至于铆钉、锁扣这些关节，更是全部都进行了替换，大多换成了铜制品。手术完成之后的“缝线”工作也是异常细致，工作人员用各类新型复合材料对关节处进行了包扎，使用的防腐涂料原本是为航天飞机设计的产品。总之，经过两年的修复，女神虽然尊容未变，却已经脱胎换骨了。

至于那柄曾经为行船指引航向的火炬，也被彻底更换了。这一次新换上的火炬没了那些透明的玻璃窗，而是干脆贴了一层金箔，灯光从外部照射，金光闪闪的火焰更为震撼。火炬周围安装了一些防鸟网，哈德逊河口的飞禽们再也不能把这里作为解决生理问题的场所了。至于原来的那一尊自由之光，如今则静静地躺在博物馆中供游客瞻仰。

总之，经过这么一次大手术，女神的病暂且缓和了，她青色的外表依旧是现代文明的一种象征，平等与自由成了这个时代世界人民共同追求的价值。

不过，铜的形象是多元的，除了平等自由，它还可以是等级与禁锢的代言人，只不过在几千年前，那也曾代表着当时的先进文化。于是，商周时期的古代中国、19世纪末的法兰西，两个不同时空的“礼仪之邦”，为了不同的目标，却不约而同选择了铜这一种元素打造礼器。

在中国国家博物馆，有一件青铜制的馆藏品，无论从历史考古、艺术欣赏还是文化影响等方面，它都是一件足以与自由女神像相媲美的国宝，那就是鼎鼎大名的后母戊大方鼎。

1939年，这件宝贝出土于河南安阳——历史记载中殷商王朝最后的都城殷墟。商王朝，正是我国古代青铜器开始繁盛的时期。作为迄今为止出土最重的古代青铜器，八百三十余千克的后母戊鼎代表着当时最精湛的铸造水平，在我们的教科书中更是浓墨重彩。

说起教科书上的这尊国宝，早先年使用的其实是另一个名字——司母戊鼎，这是由郭沫若先生在1959年确定下来的，其中的“司”作“祭祀”解释。不过，随着商代文物出土越来越多，尤其是对殷墟甲骨文的考古愈加深入，很多学者提出了不同观点。当时的古文字中，“司”和“后”这两个字是一样的写法，都是面左而立，后来不知什么时候，“后”这个字来了个向后转，调转了方向才成为今天的模样。所以，这尊鼎上刻有的“司母戊”三字，其实也可能是“后母戊”，代表“尊贵的母上大人戊”。如果第一个字是“司”，那么这尊鼎应当是祭品，而如果是“后”，则更可能是寿礼，两派观点似乎都有道理，因此争执不下。

直到2011年，国家博物馆为这件文物官方定名为“后母戊鼎”，有关它的争议才暂歇了下来。

不过，不管它实际应该是什么名字，也不管它是祭品还是礼品，我们都无法否认它在中华文明长河中的重要地位，也无法否认它作为礼器的本质。

根据考证，鼎是古代人烹饪和吃饭的器皿，因此在一个经常吃不饱饭的时代，鼎的大小就可以代表富贵的程度，自古就有“鼎食之家”指代富贵人家的说法。至于王族来说，所用的鼎必定得是天下最大的鼎，这样方能显示出气派，用它作为礼器也是非常隆重的礼仪。虽然放在今天，朋友之间送大碗作为礼物会很奇怪，但在当时，用鼎作为礼品，一般人可是承受不起的。

到了周代，鼎的地位进一步提升，成为王权的象征，别说平民了，连贵族用鼎也是要有分寸的。相传早在大禹治水之后，他就铸造了九尊形态各异的大鼎，意指华夏九州。此后，商周二朝又依次继承了九鼎，拥有九鼎者才能真正得其国。当然，这件事杜撰的成分很大，毕竟按史料推算夏禹时代，青铜器技术在中国境内几乎还是空白，更不要说铸造出鼎这样的精美礼器了。但不管怎么样，有了这个传说，“九鼎”的配置就成了天子独享的标准，其他人要想觊觎，那便是僭越犯上，与谋反无异了。

三千年过去了，这些曾经的国之重器，如今虽已散失不少，但还是有不少像后母戊鼎一样，历经洗礼和磨难之后，用一种新的方式诠释着中华文明——多亏了铜的优异性质，很多巨鼎深埋地下多年之后，也没有变形或破碎，只是表层因为氧化而展露出特有的青色，当时铸刻的铭文清晰可辨，考古学家得以破译其中的内容，穿越时空和古人对话。今天，我们不再需要依靠九鼎去宣称什么威权，顶多就是在南极科考的时候，在极地最高峰留下一尊具有象征意义的鼎。但它们却实实在在地告诉着世人，我们的祖先是多么地富于创造，造出了那个时代地球上最绚丽的青铜器，更借助于它背后所象征的等级与秩序，启动了长达两千余年绵延不断的灿烂文明。

鼎是青铜时代的神器，以至于我们很少会用其他材质去铸造它。但这只是青铜高潮的开始，抛开后母戊鼎那庞大的体积不说，顺着这条线继续探访在那之后的青铜器，了解超乎时代的铸造技艺，我们或许可以发现铜这种元素对人类文明更深远的影响。[1]

---

1 部分故事取材于《锈蚀》。

第二节
修我甲兵

有句话人们经常会挂在嘴边，叫作“先礼后兵”，这也是解决纠纷的一种智慧——礼数到了，如果还不能解决矛盾，那就只能使用暴力手段了，勿谓言之不预也。所以，说完铜作为“礼器”的一些事，接着就得说说铜作为“兵器”在战争中的作为了。

春秋战国时期，周王室已经衰落，曾经被视为传统或是王权的各种礼仪，不断被有心或有力之人挑战——鼎还是那个王权象征的鼎，但诸侯国却已不再与天子齐心了。

早在平王东迁之际，因护驾有功的秦襄公，不仅获得爵位的提升，还从王室手中获赏了关中的沃野良田，原本徘徊于周王朝边缘与落后民族为伍的秦国，摇身一变成为西方强国，秦人内心隐藏的暴发户心态也在这样的巨变之下，展现得淋漓尽致。

秦襄公的继任者是秦文公，虽谥一个“文”字，可他的武力却一点都不弱，即位没几年便完成了他父亲的梦想——驱除胡虏、光复三秦，多年以来骚扰并盘踞关中的犬戎部族只得退守漠北。和喜欢炫耀的孩子一样，志得意满的秦文公此刻也在琢磨，该用什么方式向天下昭告“无敌是多么寂寞”！

不久后，秦文公跟幕僚们议事，提起自己前一天晚上做了个梦，梦见有条黄蛇“头如车轮，下属于地，其尾连天”，顷刻化作一名小孩，自称是“上帝之子”，并告诉秦文公说，上帝任命他为“白帝”，守住西方之土。在传统五行学说之中，西方属金，主白色，而秦国相对于周王此刻居住的洛阳，则是正西方，由此附会，这个梦看起来很像是那么回事，而且就算周王听到了这话，心里肯定也不会觉得不舒服——秦国替王室看护着西大门，实乃情理之中，分内之事。

于是，秦文公便命令手下一位叫敦的高级官员去算一卦，解一解这个梦究竟是个什么意思。敦一听，领导把话都说得这么直白了，心下一琢磨，立马就明白了文公的想法。于是，他上奏说该建个白帝庙去祭祀一下上帝，文公一听下属这么懂事，君心甚慰，很快就拨下经费，安排了这次祭祀。尽管这样的祭祀在礼仪上属于僭越，但旅居中原的周王，兴许是念及秦世家抗击犬戎的功劳，果然并没有对此说三道四。

孔子所说的“礼崩乐坏”，差不多就要从这个时候算起了。

看到秦国对“礼”的践踏，首先不服气的就是孔子的“祖国”鲁国。不过，鲁国国主惠公在跟周平王抗议此事时，讲的道理却并非要禁止秦国的胡作非为，而是说：他做得，我为何就做不得？平王大怒，禁止鲁惠公效仿，但这种差别对待的方式显然不能服人，鲁惠公还是强行用天子之礼祭祀，而国力衰微的周王室对此无可奈何。

自此之后，周天子在各诸侯国心目中的权威性一落千丈，相邻的郑庄公不把周王当回事也罢了，周王还能用交换人质的办法妥协，而南方的楚国君主更是直接称王，要与周天子平起平坐了。

就在楚国君主称王的前两年，还发生了一件非常有意思的事。楚主原是子爵，比中原的郑国、齐国、鲁国这些国家政治地位都要低，对此一直忿忿不平，很早以前就曾有过自立为王的历史，不过当时实力不逮，在各种压力之下只好又撤销了王号。直到熊通接管楚国的时候，中原大乱，他便带着大军来到了随国边境。随国君主很惊慌，说我也没得罪尊驾啊，干吗打我？于是楚国方面回复了一句非常经典的外交辞令：“我蛮夷也。”——我们楚人身处化外之地，就是一群流氓土匪，打你还需要理由？你们中原乱成一气，只有我能收拾残局，你去跟周王讲讲，封我为王，方便我处置各种事情。

当然，这个令人啼笑皆非的逻辑并没有得到周王室的批准，两年后，被拒绝后的熊通便自己聚拥了一群诸侯国，自立为楚武王。

很快，这些无礼的僭越行为愈演愈烈，大家的心思聚焦到了王国的象征“九鼎”之上。

公元前 606 年，楚国已是楚庄王当政。此时的楚国积攒了不少家底，可以称得上实力雄厚，时不时地去中原腹地炫耀一下武力。这一年，楚庄王又来了周国附近，周王无奈，派了一名特使前去慰问，庄王一时兴起，问起九鼎的大小尺寸来，不臣之心溢于言表。后来，“问鼎”就成了一个典故，至今仍然经常被使用，只不过更多的时候是褒义，比如，问鼎冠军。

而在《战国策》中，首篇就记载了一则故事，说秦国攻打东周，要周国交出九鼎，周国只得请来齐国斡旋。谁知齐国也不是省油的灯，调停之后也要索取这九鼎。周国又只好派出一名叫颜率的使者，使者跟齐王说，我们倒是愿意把鼎送出来，可是您也没法接管啊——这年头没有飞机运输，您不管取道魏国还是楚国，九鼎肯定都会被他们吞了。齐王想想也对，最后只好作罢。

东周列国时期的尔虞我诈，让曾经伪善的贵族们不得不承认现实，明白所谓的地位不过是虚礼，真正的较量还是要靠拳头的大小。至于秦楚这些远离文明中心的“蛮夷”先后发迹，更是对时局起到了推波助澜的作用。

平王东迁两百余年后，已经到了春秋末期，此时位于中原东南方向，有两个小国声名鹊起，他们的习俗与中原有很大不同，却实实在在影响了华夏格局，更是奠定了古代中国在青铜器方面的绝对地位。

这两个国家便是吴国和越国。

虽说吴国的君主也是周王室贵族泰伯的后裔，可毕竟国民和越国一样，“断发文身”，连吴主也只好跟着这么做，没有执行中原的那一套礼数。如果说当时的楚国都是“蛮夷”，那么吴越两国就更有资格担此二字了。

没有了礼仪方面的枷锁，两国也少了很多顾忌。不仅在爵位上效仿楚国，自立为王，在科技上更是以大规模杀伤性武器作为发展重点。

考古发现，中原各国在春秋时期虽然战争不断，但总的来说还是讲规矩的，有的时候甚至就是互相数一下对方来了多少军队，有多少辆战车，由此估算一下军事实力，然后就可以和谈战后条件了，并不总是不由分说就大打出手。各诸侯国之间吵架归吵架，面子总还是要顾及，“尚武”精神也容易引起其他各国的反感。同时，中原地区一片坦荡，交通发达，战车是核心的武器装备，步兵更多是为了策应，长柄的矛与戈是主流配置。

可是到了吴越两国，这些情况全都出现了变化。

虽然两国所占领的地盘就是现在中华文明核心区之一的长江三角洲，但在两千多年前，其实还有很多部落犬牙交错地分布于此，史称“百越”。由于生产力不发达，这些部落之间的战争根本不会像中原人那样先是拱手抱拳，双方“司令”一起阅个兵就算是交锋了，而是会拼个你死我活拿到实际利益才会罢休。所以，民风彪悍就成了当时吴越两国的写照，中原各国对此纷纷有些鄙视，连楚国都瞧不起他们。更重要的一点是，由于地处长江下游，水网密布，别说战车在这里施展不开，就连长兵器在实战中也难以施展，反倒是适合近战与水战的短兵器，可以更好地发挥特长，正应了那句话：一寸短，一寸险。

于是在这样的环境下，一种新型的武器开始大行其道，也就是百兵之君——剑。

著名史学家顾颉刚曾论证，青铜剑正是起源于吴越地区，不过这一点也有不少人质疑，认为剑这种兵器其实早在商代就产生了。不过，无论持什么观点，史学家一致同意，是吴越两国的精湛技艺，才使得宝剑在兵器谱上拥有无比辉煌的历史地位。

1965年底，湖北省江陵县，工人们正顶着寒冬凛风，热火朝天地修水库，一不留神却挖到了五十多座古墓。在这一墓群中，考古人员发现了一把青铜剑，剑身全长55.7厘米，剑格宽5厘米。

看到宝剑，研究人员顺手取来报纸，想试一试剑刃是否锋利，结果轻轻一划，便划透了二十多层报纸，现场人员无不为之惊叹。

不仅性能优异，这把剑的精美程度也令人咋舌。剑身遍布菱形花纹，剑首上刻有十一个同心圆，其几何完美性不亚于机床加工的水准，而在剑柄与剑身相连的位置，还镶有一些宝石。

当时他们还不知道，这竟是此次考古中的最大发现，直到后来才发现它是一件稀世珍宝，轰动了全国。今天，这把剑陈列于湖北省博物馆，是该馆的一件镇馆之宝。

此剑的特殊之处在于，它曾经跟随过卧薪尝胆的越王勾践，剑体所刻的八个篆体文字足以证实此事："越王勾践自作用剑"（此处的汉字是现代用语，勾践剑的铭文本为"越王鸠浅自乍用鐱"）。时隔两千余年，当此剑重见天日之时，寒光四射，完好如新，刀身居然都没有生锈的痕迹。

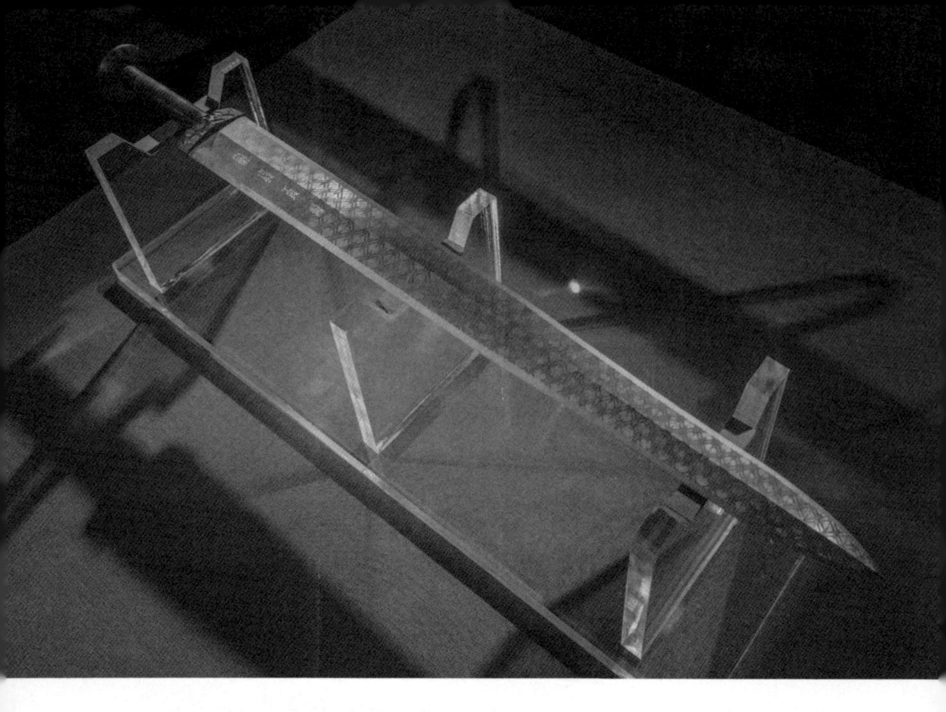

图 2-2　勾践之剑
作者：Siyuwj

勾践剑之所以经年不锈，一个重要原因在于，它被深埋于地下的墓穴中，处于缺氧的状态，没有了氧气，自然也就不那么容易生锈。在勾践剑出土的同时，墓葬中还有另外几把青铜剑，几乎也没有出现生锈。而勾践剑经过半个多世纪的陈列，因为保存环境发生了改变，剑体的光泽已经有些黯淡，隔绝氧气对于金属防护的重要性不言而喻。不过话又说回来，出土前处于缺氧环境的文物还有很多，像勾践剑如此锃亮的却是少之又少，因此一定还有其他原因值得研究。

如此珍稀的文物自然不能因为科学研究而破坏，于是湖北省博物馆为了探明其千年不锈的奥秘，多次组织了无损检测，但是直到现在，也未能完全破译其中的成分及其影响。根据已有的一些资料，勾践剑所用的青铜，不仅其中铜锡的配比十分考究，少量的硫元素很可能也是防锈的奥秘。除此以外，其他杂质的含量很低，这也就降低了它形成“伽伐尼电池”的可能性，自然不那么容易生锈了。如果自由女神像的修复团队获悉这把剑的奇迹之处，不知该作何感想。

除了剑体材料，青铜剑的铸造工艺也是非常值得研究的一项。铸剑的时候，先将铜合金熔化成液体，再将液化后的金属灌入剑范（也就是铸剑模具），待其冷却后凝固成型。然而，像勾践剑这样，在一把剑上修饰这么多细致的图案，再镶嵌其他材料的宝石，还不能为了精美而丧失性能，这就不是那么简单的工作了。直到今天，冶金专家虽然可以借助现代技术复制出勾践剑，但也未能参透，以当时的物质条件究竟是怎么实现这一切的。

勾践剑并不是吴越地区唯一的一把“高端”武器，甚至勾践本人佩带过的剑都不止这一把。不仅是勾践，吴王阖闾、夫差以及越王允常等这些吴越君主，也都收藏或佩挂了一些绝世名剑。据说吴王阖闾请专诸密谋刺王僚时，就找来了一把极不寻常的短剑“鱼肠”，短到可以藏在鱼腹中，却锋利得足以刺穿厚重的护甲。至于“太阿”“湛卢”“干将”“莫邪”等诸多名剑，也都出自于吴越名匠之手，关于它们的传说至今不绝。如今苏州虎丘山脚下的洗剑池遗址，游人如织，水声似乎还在倾诉着曾经的故事。

名剑辈出，可以证明当年东南边陲炼剑、铸剑的高超匠艺，而士兵乃至平民佩剑，更可以说明当时铸剑技术的普及，并非只是供君王装点门面。

《汉书》中对此有这样的描述：“吴越之君，皆好勇，故其民至今好用剑，轻死易发”。从君主到平民都以好勇斗胜为信条，不惜以生命为代价，是当之无愧的“战斗民族”。

两千多年前的青铜时代，骑兵还未能走上历史舞台，而战车又有着很大的局限性，在山川丛林都难以发挥战力，因此，配有青铜剑的步兵可谓是最无敌的单兵。在大规模先进武器的装备之下，落后的吴国居然摇身一变，北威雄齐、西征强楚，力压晋国成为诸侯国的盟主。

经过战术层面的交流融合之后，诸侯国逐渐取得共识，纷纷将青铜剑列为重要的近战武器。武器的进步，又导致战争的烈度升级，贴身白刃战逐渐成为战场上常见的争夺模式。最为直观的一点是，士兵的战功可以用“首级”进行计量了，毕竟此前的各类兵器拿来枭首都不是太趁手。

吴越青铜剑的影响，在同时代汇编而成的《考工记》中便已有诸多记载。这部著作的“总叙”中如此写道：“吴粤（即越）之剑，迁乎其地而弗能为良，地气然也。”由此可见，吴越之剑的模仿者不在少数，但是要想赶上吴越的水平，似乎还是很困难。正因为此，很多诸侯国的君主或贵族都以拥有吴越剑为荣。比如勾践剑为什么会在楚国墓穴里，是嫁妆还是战利品，至今还没有准确的证据，但是该墓穴主人是楚国贵族邵滑，他将勾践剑作为陪葬品，不难看出楚国人对其的喜爱程度。

吴越之剑之所以出类拔萃，《考工记》中对其原因亦有表述：“吴粤之金锡，此材之美者也。”与前面提到的“金人十二”一样，这句话中的“金”，所指的也是铜。换句话说，吴越这个地方，铜矿和锡矿的品质是非常棒的。

众所周知，青铜是铜与锡的合金，因此，优质的铜矿与锡矿，便给青铜器提供了必要的原材料。有时候，工匠还会加入一些金属铅作为辅助，通常含量低于锡，这便是锡青铜，若是铅的比例超过了锡，则被称为铅青铜。

与铜一样，锡和铅这两种元素也比较容易从各类矿石被还原成金属状态，因此有幸成为人类冶金术最早接触的几种金属元素。大多数纯金属都有个弱点，那就是质地偏软、容易变形，纯铜也不例外。不难想象，古人将它辛苦地从矿石中冶炼出来之后，发现它在制作器物方面的优势还不及石器或陶器，一定是不太甘心的。当然，尽管硬度不高，但是加工难度也随之降低，又不易摔破，铜制品还是得到了一定的应用。即便不能作为实用材料，纯铜在外观上所呈现的紫红色，也是吸引古人注意的原因之一，至少可以用来加工首饰。

考古界已经证实，在青铜时代之前，人类也曾经历过“红铜时代”，而红铜所指的就是纯铜。这一时期，正如我们可以预料的那样，新兴的铜金属并没有出色的性能，无法替代主流的石器，故而这段时期又被称为“铜石并用时代”。

不过，关于中国是否也经历了红铜时代，历史学家一直没有定论，因为中国境内纯铜的老古董着实罕见。近来，在仰韶文化遗址、龙山文化遗址等区域，考古人员也发掘到了一些红铜器具，让人们对于古代中国文明起源的遐想又增添了不少可能性。

红铜时代敲响了青铜时代的前奏，等待的那个启动因子便是金属锡。然而，纯锡的性能甚至还不及纯铜，质地柔软不说，熔点也不高，经受不住明火加热，连炊具都做不了。

也不知是出于有意还是失误，两河流域的先民偶然发现，虽然铜和锡都很软，可是将两者混到一起，得到的“金属”却很硬，这便是青铜。

于是，青铜冶炼技术很快就在亚欧大陆得到了传播，因此而受益的地区可能也包括当时散落在东亚的一些早期文化，这或许也能解释为什么古代中国没有经历明显的红铜时代，青铜技术发展得却异常成熟。不管怎么说，五千多年前，欧亚大陆的人类文明陆续进入了青铜时代。

尽管青铜依然具有金属的特性，但是从化学元素的角度看，它已经属于另一类材料，也就是合金。顾名思义，合金是两种以上化学元素混合之后的产物，其中至少有一种为金属，且元素之间没有发生化学反应。不过，合金性质却并非是金属性质的线性组合，因此才会出现青铜的硬度比铜、锡两者都要更大的情况。硬度提升的同时，青铜的韧性却有所下降，比纯金属更脆了一些，故而适合铸造而非锻造，这对技法的要求明显提高了。所幸的是，铜锡合金的熔点相较于纯铜而言已大幅降低，剧烈焚烧的柴火即可将其熔炼。

随着青铜器的出现，生产力得到了提高，但也对职业工匠提出了需求，社会分工势在必行。正所谓生产力决定生产关系，人类文明从此步入阶级社会。

在《考工记》中，不难看出在青铜时代的中国，职业工匠的分类已经十分具体，比如造车轮的“轮人”，造车厢的“舆人”，造车辕的“辀人”，等等。

而在当时的冶金行业，工种分类就更细致了。据记载，自商周以降，至少有六类工匠（攻金之工六）从事青铜器行业。其中，“筑氏”和“冶氏”都是配方工匠，前者“执下齐”，也就是加工含锡或铅量较高的合金，而后者“执上齐”，加工含铜量较高的合金。在调节配方之余，筑氏与冶氏也会加工一些青铜器，而其他四类工匠都是直接取用调剂好的合金材料加工青铜器，他们分别是：制作乐器的“凫氏”、制作度量器的“栗氏”、制作农具的“段氏”，以及制作兵刃的“桃氏”。

和现代冶金工业相仿，青铜时代的“配方”在当时也有着举足轻重的地位，因为二者的不同配比，可以大幅度调节最终合金的品质。经过长期观察与试验，《考工记》中特别记载了六类青铜器物的配比，这也是世界上最早的合金配方记录：第一类主要用于制作钟或鼎，其含锡量为七分之一；第二类用于制造斧头等重型武器，其含锡量为六分之一；第三类用于制造戈戟等长兵器，其含锡量为五分之一，通常剑身所用的合金也属此类；第四类则是用于制造刀剑的刃部，其含锡量为四分之一；第五类用于加工小型刀具，其含锡量为七分之二；最后一类用于加工铜镜，其含锡量为三分之一。[1]

---

1 此处原文为“金有六齐：六分其金而锡居一，谓之钟鼎之齐；五分其金而锡居一，谓之斧斤之齐；四分其金而锡居一，谓之戈戟之齐；三分其金而锡居一，谓之大刃之齐；五分其金而锡居二，谓之削杀矢之齐；金锡半，谓之鉴燧之齐”。

难能可贵的是，这里记载的配方与现代科学吻合得非常好。比如第五类“削杀矢之齐”的含锡量规定为七分之二，根据研究，这一配比附近的青铜器，锋利程度最高。随着含锡量的提高，青铜的硬度也会逐渐增大，同时也会变得更脆。所以，一把优良的青铜剑，其刃部和剑身所用的配方也是不同的。剑身含锡量较低，劈刺的时候不易折断；剑刃的含锡量较高，从而变得愈加锋利。对勾践剑的研究发现，当时的铸剑技术的确符合这一规律，尤其令人惊异的是，勾践剑是一次成型，同时完成了剑身与剑刃的铸造，这样的技法在当时足以称得上是鬼斧神工。

即便是资料翔实的《考工记》，其实也未能反映出我国古代在合金技术方面的全貌，例如成熟的铅青铜技术就没有被展现出来。

此外，还有一些更神奇的作品。

锌也是铜矿常见的伴生元素。不过自然界中的锌，还是更多地与铅共生，所以在加工铅的时候，有时也能得到金属锌。锌的密度显著低于铅，于是在明朝时，锌就有了“倭铅”的称呼。古代先民在步入青铜时代的时候，也顺手“发明”了铜锌合金，也就是如今常用的黄铜。仰韶文化遗址曾经出土过几件距今约 6700 年的铜器，经检测发现，它们从材质上属于黄铜，而这也是世界上最早的黄铜合金，很可能就是无意间从共生矿中冶炼出的产品。不过，在汉朝期间，我国就已经可以通过人为操控，打造出含锌量较高的黄铜了，而在北宋年间，更是能够提炼出纯锌，远销海外。

与黄铜几乎同时流行起来的还有一种合金——白铜，它是由镍和铜构成的。自汉代始，白铜就作为东方特产，顺着丝绸之路西进，后来阿拉伯人称之为“中国石”。到了18世纪，欧洲人依然对白铜趋之若鹜，称之为“中国银”，直到现代化学体系建立之后，才揭开了白铜的神秘面纱。

在人类文明的长河中，铜所扮演的角色可能超过了其他任何一种化学元素，尤其是青铜器的出现，更是让人类社会发生了天翻地覆的变化。在各类青铜器中，武器又是举足轻重的一类，无怪乎“金有六齐”，其中四齐都是为了打造武器。

春秋末期，吴越两国的工匠们，在冶炼矿石，锻打锋刃的时候，或许没有想到他们挥汗如雨铸造的不只是宝剑，更是人类历史。而在铸造青铜剑的同时，他们还发展了铁器的制造工艺，性能更为优异的铁剑使得青铜剑的优越性逐渐丧失。正所谓风水轮流转，中原诸国虽然缺铜少锡，却并不乏铁，于是到了战国时期，吴越青铜剑的威名便逐渐消散，两国也消失在了历史长河中。

但青铜器并没有消失，它从王室的礼器，再到战士的兵器，进一步成为日常器具的材料，飞入寻常百姓家。

第三节
天工开物

“中山靖王”，对于这一称谓，读过《三国演义》的人大概都不会陌生，汉昭烈帝刘备未有基业之时，自我介绍的台词总会自称“中山靖王之后，孝景帝阁下玄孙”。这位因小说而出名的西汉中山靖王，本是汉景帝的儿子，名叫刘胜，被封为王爷之后，“乐酒好内”，享尽人间繁华，活得极为潇洒。

而他生前的富贵豪奢，随着他的去世，并没有全都化为乌有，而是在其墓葬中得以妥善保存。众所周知，西汉王朝遵循“事死如事生”的丧葬理念，在摆放殉葬品的时候，无所不用其极。因此，要想了解中山靖王曾经的生平，那么他的墓穴无疑提供了很好的证据。

1968 年，刘胜的墓穴在河北省满城县被发掘，品种繁多而精美的各种器具令人眼花缭乱，其中铜制器物占了很大比例。

在这些铜器之中，最为珍贵的或许要数“长信宫灯”，现藏于河北博物院，见图2–3。这盏宫灯的铭文中刻有“长信”字样，故而推测此灯原是在刘胜祖母窦太后居住的长信宫内使用，并因此得名。长信宫灯是在刘胜王妃窦氏的墓穴中发现，而窦氏又是窦太后的宗亲，这就不难看出，这灯乃是窦太后馈赠之礼物。

长信宫灯被誉为“中华第一灯”。它高48厘米，通体鎏金，主体是一个跪坐的宫女，柳叶眉、丹凤眼，头挽发髻，身着长裙，斜抱着一盏宫灯，左手托着灯座，右手扶着灯罩，形态十分优美。

仅仅是外观别致，显然不足以令这件器物享誉盛名，它暗藏的玄机还须细细观瞧。

不难想到，这样一座结构复杂的灯具，日常掌灯灭灯的操作便会显得有些阻碍，但是工匠们显然已经想到了这个问题——整盏灯其实是由多个零件构成，宫女的头部、手臂以及宫灯的灯罩、灯座还有灯盘均可以拆卸，灯盘中心有一枚扦子可供插蜡烛，安装之后还可以转动。

除了机械方面的精巧设计，这盏灯还充分考虑了环保性。西汉之时，能够用作蜡烛的燃料非常有限，通常都是以动物油脂作为原料，而烛芯就是植物秸秆。这样制成的蜡烛，燃烧过程并不充分，会产生较多烟气，若是在室内长期点灯便

图 2-3 长信宫灯，现藏于河北博物院

会对呼吸道造成伤害。可长信宫灯却可以有效地降低烟气危害：它的灯罩上方有一道铜管，与宫女的手臂连为一体，一直接到中空的内部，点灯之前，在内部灌一些水，这样灯火在燃烧时产生的烟气，便会顺着管道通入水中，室内总挥发性有机物（TVOC，详见《高碳生活》一章）水平便不会那么容易超标了。如今偶尔还能看到一些老人抽的水烟，其实也是利用同样的原理，对部分有害物进行了过滤。

美观与实用兼备，机巧共便携齐具，长信宫灯的青铜加工技艺比起青铜剑来，又有了长足的进步。而在奢华的中山靖王宫里，此等宝物想必不会只有一两件。休说王宫，便只是陪葬品中，各类铜制灯具就有二十件之多。

我国的灯具自战国时期开始出现，那也正是铁器接力青铜器走上历史舞台的时期。某种程度上讲，灯具就是青铜在日用器皿方面的一次尝试。在此之前，照明一般都是靠火把，并非当时的人们对灯具没有需求，实在是材料条件不允许。

中国最早的植物油是芝麻油，而芝麻是由张骞出使西域带回来的物种，在此之前，能够利用的油脂也仅有一些动物的脂肪，照明所用的燃料也不例外。动物油脂在常温时处于固态，所以只有插入灯芯做成蜡烛后方可使用，不能像植物油那样做成油灯。

要想让蜡烛直立不倒，那就需要一枚扦子扎进灯芯对蜡烛加以固定。所谓扦子，从形态上看，与针或钉差不多，细长锐利，并且还要坚固耐用，不可燃烧，说是灯具的核心组件也不过分。

能够同时满足这些要求的，便只有金属材质了。哪怕到了现代，想找出一根非金属的缝衣针也不容易。所以，当青铜加工技艺逐渐成熟了之后，灯具的发明也就只是时间问题了。

东汉年间，植物油为原料的液态灯油逐渐普及，碟子里放根灯芯就能作为油灯使用，于是这才出现了陶瓷灯具。固态燃料制成的蜡烛，随后也得到了升级，燃烧时更为清洁的蜂蜡、虫白蜡成为主流原料，复杂的灯具便由此简化成了烛台，但是铜质却依旧是主流，至今未变。

有的器具越变越简单，可有的器具却是越变越复杂。“鲁班锁”是我国传统的益智玩具，直到现在也颇为流行。相传，它是由木匠的鼻祖鲁班发明，故而得其名，其原理实则是建筑技术中的卯榫结构。

鲁班锁是否真的是鲁班的作品，此事早已无稽可考，也有不少人相信那是诸葛亮的作品，呼之为“孔明锁”。但是，要说锁具技术的革新有鲁班的参与，这个可能性倒是不小。

鲁班生活在春秋末年，此时锁和钥匙的主要材质还是木料，原理和门闩相仿。木锁的内部有一横木，扣上之后，横木的凹槽就被活动的机关卡住拔不出来，实现锁的功能；钥匙的造型有点像钩镰枪，插入锁孔后旋转，可以精准地将机关拨开，横木便可取出，实现开锁的功能。

木锁是一个伟大的发明。世界上最早的锁出现在中国，出土于仰韶文化遗址，距今已有五千余年。西周时期，锁钥系统逐渐成熟，但是木头材质却始终没有发生变化。对于锁具而言，加工精度不高是致命的缺陷，一个误差就可能造成钥匙打不开锁的情况。因此，为了弥补精度方面的缺陷，当时的锁具普遍都做得比较笨重。在这样的条件下，木锁尚可以接受，可青铜的密度是木料的七八倍，做成锁具怕是要有数十千克之沉，光是铜料的价钱就已经不是小数目了，贼人直接把锁抱走，就可谓“不虚此行”了。

春秋战国之交，青铜加工技术日趋精湛，特别是失蜡法铸造工艺的发明，使得器物的精度发生了质变。蜡这种材料，熔点低，硬度也不高，可以很容易雕刻出非常精细的结构，就像如今流行的蜡像那样。做好的蜡模浸淋含有黏土的泥水之后，经过加热后蜡模熔化流失，而黏土却因此而硬化，形成中空的腔体，完美地记录下了蜡模的每一处细节。

然而，杀伤力更大的铁器也在此时普及，这让精细的铜器在战场上失去了用武之地，只能寻找其他用途，锁具也是其中一项。

到汉朝时，青铜锁具已是相当常见，锁的形制也不再像此前那样笨重，通常只有一百余克，普通人家也能负担得起。

相比于木锁，铜锁的优越性相当突出，外力和微生物的破坏，对其而言都不是很容易。即使是日后出现的铁器，在锁具领域也未能对铜器造成明显的威胁，因为铁比铜更易生锈，一旦生锈，锁具很可能就报废了。

青铜锁具的出现，还催生了另一种防盗技术，那就是簧片锁。和其他材料不同，金属可以发生一定的形变而不会折断，在此过程中蓄积势能，恢复形变时再释放成动能，青铜弩的机关便采用了这一原理，如今无处不在的键盘之所以能够回弹，也是如此。《辞源》对“锁”的解释这样写道：“故谓之键，今谓之锁”，由此不难看出“键”与“锁”的内在联系。木锁中的卡扣，卡住凹槽利用的是重力势能，只能向下运动，因此锁具的方向对于保险性能也会造成影响，可金属簧片的势能来自于内部的原子，与重力无关，故而在锁具中的应用也更为普遍，如今我们在文玩市场常常可以看到的“广锁”和“花旗锁”，都属于簧片锁。即便是现代的家用锁，多数也不过是将簧片换成了弹簧而已，并没有本质区别。

除了簧片锁，中国古代还出现了一种“文字组合”锁，锁具上有三到七个金属环，环上刻有不同文字，可以通过旋转将不同的文字露出来，只有当这些文字形成特殊组合时，钥匙才能够插入锁孔。不难看出，这其实就是如今在行李箱上常用的密码锁，只不过密码用的是文字而非数字。这类锁上所刻的文字，往往还具有很高的书法造诣，组合出来的文字，要么是吉祥话，要么就是古诗词，在提高保险系数的同时，也增加了锁具的艺术欣赏价值。而在古代，识字并非是人人都会的技能，但凡能够盗开这样的锁，也

图 2–4　铜锁背后的簧片结构

可称得上是“雅贼”了。

说到铜锁的艺术性，还有一项技术不得不提。相比于木器，铜器的强度得到了明显的提升，锁的破坏难度也由此增加。可是要想在铜器表面雕花，难度也相应地提高了，只有在铸造前设计出优美的模具才行。也不知是从何时开始，锁具加工引进了“化学”技术，也就是铜板印刷业中常用的“蚀刻”工艺，勾践剑表面的复杂花纹很可能也是由蚀刻而成。具体而言，是先用油脂之类的材料盖住铜器表面，设法将需要雕刻的位置裸露，置于蚀刻液中，一段时间之后，裸露的铜就会被腐蚀，图案由此显现。如今，蚀刻技术依然盛行，最常用的蚀刻液氯化铁，其中的铁离子可以在酸性条件下轻松地将铜溶解，从而实现蚀刻的效果。不过古人究竟采取的是何种蚀刻技法，至今还没有准确的结论，或许是从自然界发掘出的某些具有酸性的矿物启发了他们的灵感。

铜器的艺术性不只是在表面体现，有的时候它们就是为了艺术而生。

在湖北省博物馆，与勾践剑齐名的还有一件稀世珍品，那就是出土于随州曾侯乙墓的“曾侯乙编钟”。

曾侯乙墓是一座大型古墓，并且礼制遵循“九鼎八簋”，相当于天子墓葬规格。有趣的是，不管墓主人“曾侯乙”是因为僭越或是加隆得到了天子级别的厚葬，如此显贵的人在史书上居然没有记载。别说他了，就是他所治理的诸侯国曾国也是名不见经传。

近年来，考古界终于证实，这个在墓葬中常常出现的“曾国”，其实就是楚武王熊通自称“我蛮夷也”这一典故出处的另一方——随国。一国两名的情况在先秦时期不算罕见，例如《孟子见梁惠王》中的梁，就是战国七雄中的魏国，因为魏国定都于梁（今开封），故有此别名。曾国之所以别称“随国”，不排除也是因为同样的原因——该国的都城历尽三千余年，至今依然被称为“随”。

如此一来，根据随国在历史中的记载不难知晓，第一代曾侯南宫适本是周文王帐下重臣，屡获奇功，更是灭商战争的主力大将，最终被封于曾国，地位十分显赫。

曾侯乙是南宫适的后代，大约生活在战国初期，生前很可能沉迷于音律，所以在他的墓葬之中，乐器占了很大比例，一套共计 65 口、总重 2567 千克的曾侯乙编钟尤其令人瞩目。

在这套编钟里，除了有一口镈钟由楚惠王赠送，剩余 64 口凑成了一副完整的乐器。每口编钟大小不一，被敲击时，正部与侧部分别可以发出不同的声音，也就是“一钟双音”。大钟的音调低，而小钟的音调高，如此，64 口编钟便可以覆盖很广的音域，演奏出动人的音乐。

为了方便演奏，这些编钟被分为上下层悬挂，上层有三组共计 19 口小件的钮钟，中下层则有五组共计 45 口大型的甬钟。每口钟的铭文中均标记了各自的音名，经现代音乐专家检验，实际敲击时发出的声音与之非常吻合。除了音名，较大的甬钟上还刻有一些关于音律的文字，这也让今人得以赏析当年的乐理。

在曾侯乙墓被发现后不久，1978 年 8 月 1 日，经过修复后的曾侯乙编钟出现在随州某大礼堂，演奏人员手持木槌，敲响了这件距今两千余年的乐器，在其他出土乐器的伴奏之下，一曲浑厚的《东方红》缓缓响起。现场演奏如此古老的一组乐器，这在人类考古史上还是第一次。

尽管根据现代音律学，曾侯乙编钟仍然只能算是“五音不全”，但是以当时的制造水平来说，我们实在无法苛求更多。要知道，编钟在铸造完成后，音调的高低可不像现代乐器那样还可以手动调整，所以要想打造出这样一套编钟，不难想象工匠们经过了多少次失败才能实现。后来为了保护文物，中国科学院作为主力，先后复制了四套编钟，也用实验证实了编钟工艺的精湛。

自然界的各种声音,在音乐家的耳中都可以转化为音乐，哪怕只是鸟鸣兽啼。不过，要想制作出可以演奏的乐器，材料就成了首先需要解决的问题。

金属敲击的声音浑厚而饱满，并且自身的强度足以保证声音的稳定性，因此早在西周时期，青铜乐器演奏就已成为王室贵族娱乐的重要方式。所谓“钟鸣鼎食”，指的就是豪门贵族吃饭的时候要有编钟奏乐，用铜鼎盛装食物，象征着无上的地位。

不同金属的音色有着很大差别，这与材料的本征频率、基频强度、阻尼系数等多个参数有关。古人显然没有足够的知识体系去对此进行分析，但是对于青铜而言，这个问题却可以通过调节铜锡的比例进行优化。

对曾侯乙编钟进行初步的研究发现，其含锡量在13.0%～14.5%之间，与《考工记》所记载的“六分其金而锡居一”这一比例十分接近。现代材料学证实，当含锡量略高于13%时，基频强度大，音色最为浑厚饱满。若是在其中再加入少量的铅，音色不会发生明显变化，但是振动阻尼显著增大，声音更容易衰减，这样演奏时的混音问题便会有所缓解。

随着新型乐器尤其是丝竹的发展，占地巨大的编钟在实用性方面缺点明显。但是，铜元素与音乐的不解之缘却未曾中断。编钟的起源可以追溯到商代的铜铙，也就是一种手持式的打击乐器。南北朝时期，铜铙和西亚传来的铜钹组成了一套乐器，统称为“铙钹”，作为佛教法器流传至今。而在京剧舞台上，除了铙钹，更有铜制的大锣、小锣。

大型铜制打击乐器也并未从此消失。因为青铜器的声音浑厚、穿透力强，古代较大的城池都会设置钟楼，与鼓楼一起用于报时报警，一曲《枫桥夜泊》更是留下了“夜半钟声到客船”的佳句。这些遗迹，在如今的一些城市中不难寻迹，更有各地的“钟楼区”可以印证当年的辉煌。就算是想亲手敲一敲铜钟也不难，很多寺庙也有钟鼓楼，晨钟暮鼓的作息至今不绝，每逢农历新年来临的时候，前来敲钟祈福的香客总是络绎不绝。

便是鼓这种打击乐器，虽然中原地区常用动物皮制作，但在我国西南的一些少数民族却偏爱铜制的鼓。广西民族博物馆里就收藏了三百多面铜鼓，连博物馆的造型都是铜鼓状。对于壮族人来说，铜鼓对他们早已不是乐器，而是如同铜鼎之于中原人，是一种图腾。

在西方，铜制乐器就更普遍了，只不过，青铜的音色太过浑厚，而且只能铸造、无法锻造，不易打造复杂形状，所以铜管乐器主要都是采用黄铜制成，直到现代，铜依然是制造西洋乐器的主要元素。

不过古往今来，相比于灯具、锁具和乐器，室内铜器最经典的还是要数镜子，也就是《考工记》中提到的鉴燧——鉴与燧，分别是两种不同的镜子。

鉴指的是平面镜，利用光的反射原理，可以在镜子中呈现等大的虚像，如今依然是家居生活中不可缺少的物件，只不过主要材料从铜换成了玻璃，这不难理解。不过要说起燧，可就不是三言两语的事了。

燧的本意指取火的器具，相传是由燧人氏发明，有燧石和燧木两种类型。

燧石是一些可以用于打火的石材，异常坚硬，在与金属碰撞时很容易产生火花，从而引燃一些易燃物，这可能是古人最先学会的点火技术。后来，基于这一技术发展出了一套工具，即燧石和火镰，成为古人取火的主要方式，即便到了火枪发展的时代，以燧石击发的燧石枪依旧占据了一席之地。

燧木指的是用于点火的木材，所谓“燧木取火”，就是将燧木高速旋转，利用摩擦生热的原理，使尖端达到高温，再与易燃物接触，这样便可以生出火来。当然，这个方法的难度很大，如若不是个中老手，想要取出火来无异于痴人说梦，以至于很多现代人对此技艺将信将疑。

相比于燧石和燧木，以青铜打造的金燧，点火过程就显得轻松多了。金燧呈现凹面镜的形状，根据光学定律，用一束平行光照射凹面镜，反射之后的光便汇聚到一处，形成焦点，从而产生高温，只要将易燃物用支架放置在焦点处，不多时便被点燃了。自然界中最常见的平行光便是太阳光，而太阳表面的温度高达5500 ℃，这也是金燧焦点理论上所能达到的最高温度，这显然比燧石和燧木依靠人工制造的温度上限高多了，唯一的不足就是需要在有阳光的时候进行。

后来，古人发现金燧不只能取火，也能作为取水的用具。作为合金，青铜的导热性能比木器优越得多，因此我们在与青铜器接触的时候，热量很快就会传递到器具的其他部位，由此形成冰冷的触感。秋冬时节，将金燧如碗一般放置在外，便可以收集一些露水。为了区分用途，取火用的金燧被称为阳燧；相应的，取水的便是阴燧。

由此不难看出，对于古人来说，燧作为生活器物的应用价值丝毫不亚于鉴。

虽说鉴和阳燧的用途大相径庭，但是它们利用的原理却是相同的，也就是光的反射性。不过，要想实现光可鉴人的效果，首先还需要反射率较高的光滑表面。然而，无论是参观后母戊鼎的尊容还是欣赏曾侯乙编钟的美妙奏乐，我们恐怕都难以联想到“光滑”的镜面。那么，古人为何会想起使用铜器当作镜子呢?

答案或许还要从“鉴”的本意说起。

在《说文解字》中，许慎提到：“鉴诸，可以取明水于月。”不难看出，这时的“鉴”是用来取水的容器，和阴燧的形态差不多。

这一点也在考古工作中得以证实。

1955年，一座春秋时期的蔡国古墓在安徽寿县被发掘，并出土了大量青铜器，其中一件保存良好的大型青铜鉴吸引了学者的关注。这只铜鉴高35.7厘米，口径60.0厘米，总重28.6千克。单看外形，它就如同是放大版的洗脸盆。

铜鉴的铭文揭示出它的特别之处。短短52个字，却道出了一桩典故。春秋晚期，南方诸国都受到了楚国的威胁，位于寿县的蔡国也不例外。为此，蔡国便求助于更东方的吴国，希望能够达成联盟。此时，吴公子光已经在专诸和鱼肠剑的帮助之下夺位成功，史称吴王阖闾，又有自楚国避难而来的伍子胥以及从齐国游学而来的孙武为辅，兴兵伐楚乃是国之大计，因此对于蔡国抛出的橄榄枝欣然接受。为了巩固联盟，阖闾还将自己的女儿远嫁蔡侯，而青铜鉴便是其中很重要的一件陪嫁礼器，如今被称为“吴王光鉴”。

既是陪嫁之物，不消说，这么一口并不轻便的物件，便是女儿家的闺中之物。根据许慎的解释，不难知晓它是用来盛水的，而鉴中水满，其平滑的水面就可以当镜子使用。

所以，古人最先用来鉴容正仪的铜镜，其实并非是常见的平面镜，只不过是利用它来装水而已。后来，人们在使用铜鉴的时候发现，其实不管是否有水，只要将铜鉴的表面打磨得足够光滑，同样能够当作镜子使用。因此，铜鉴逐渐从脸盆的形状变成了后来的铜盘模样。

但是这个观点也有一个漏洞无法自圆其说，因为在年代更为久远的商周古墓，已经有一些平面铜镜被发掘出来了。以水作镜，依靠的是重力，只能静置使用却不能手持；扁平的铜镜却没有这样的限制，一旦打磨技艺成熟，“铜鉴水镜”就很难作为主流存在了。难道是我国春秋战国时期的青铜制造技艺发生了退步，以至于铜镜技艺出现了失传？

至今，这一谜团也未能获得确切的答案。可能性较大的一种情况是，商周时期的古铜镜，只是徒有后世镜子的外观，其本质是一个圆形的装饰性青铜器物，并不能用于鉴照。汉字的起源可以从侧面证明这一观点：“镜”这个字的出现晚于“鉴”，最早也是在战国时期庄子和墨子的著作中才出现，并且根据段玉裁对《说文解字》的注解“镜亦曰鉴，双声字也”，可以看出：“镜”最初只是“鉴”的另一个称呼。

不管怎么样，最晚到汉朝时期，我国古人所用的梳妆镜便以铜镜为主了，铜镜铸造技术也在此时被推向第一个高峰。自此以后，伴随着社会的兴衰，铜镜几度起伏，不同的文化撞击，也在铜镜背后的雕花之中刻下了痕迹，成为记载历史的一种实物宝鉴，更是常被用来比作“历史”，甚至司马光将他的史学著作都命名为“资治通鉴”。

时过境迁，繁荣了数千年的铜镜如今也已寿终正寝，被送入博物馆。客观来说，无论是铜的哪种合金，都不是加工镜子的理想材料，即便根据《考工记》的描述，可以通过提高锡的含量使之坚硬，从而打磨出极为光滑的平面，但是，本就不高的光反射率以及长久使用造成的腐蚀问题，却是无法通过冶炼技术改变的元素本性，当玻璃加工技术在我国发展起来之后，铜镜从历史舞台的退出，便是自然而然了。

不过，铜元素的神话并未因此终结，青铜时代的余音仍将缭绕不绝。

第四节

利来利往

公元1098年，按我国传统纪年，正是北宋哲宗时期绍圣五年，一位来自信州（今江西上饶）的布衣张甲远赴京城，向朝廷进献了一本书，书的名字叫《浸铜要略》。

宋哲宗在翻阅了这本书之后，封张甲为成忠府君，并封张甲的父亲张潜为少保，封张甲的二哥张磬为少师。"成忠"是不太常见的官职，但是多数人对于少保和少师大概都不会太陌生，虽是虚衔，官位可是不低。这《浸铜要略》究竟是何等宝书，宋哲宗居然会为了它如此大加犒赏张甲一家？

从名字不难看出来，《浸铜要略》和"铜"有着密切的关系。的确，这是一种炼铜的工艺，但是不同于传统的火法冶炼，而是从水溶液中将铜浸取出来，因此又被称为"湿法炼铜"，与"湿法炼金"有点相像。

说起湿法炼铜的原理，如今看来并不复杂。自然界有不少铜矿以硫化物的形态存在，比如辉铜矿的主要成分便是硫化亚铜。开采这些矿物的过程中，硫化物重见天日，接触了空气之后被氧化，从而转化为铜的硫酸盐，也就是硫酸铜。和硫化物不同，硫酸铜会被雨水溶解，并且在水中呈现出动人的深蓝色，由于溶液口感咸苦似胆汁，便被称作胆水。因为铁比铜更活泼，所以当胆水与铁接触的时候便会发生置换反应，铁溶解形成亚铁离子，而铜却从溶液中析出。这个经典的置换反应，如今已经是化学入门教材中的必修内容，然而对于古人来说，这样的变化实在是令人费解。

比如成书于汉朝时期的《神农本草经》如是写道：石胆，谓神仙能以化铁为铜，成金银。所谓“石胆”，就是胆水析出的硫酸铜晶体，又叫作胆矾或蓝矾。不难看出，虽说《神农本草经》的编纂者已经发现了置换现象，但是对于其原理却全然不知，不仅认为这是“神仙”所为，更是觉得用同样的方法也能提取金银。诚然，从置换原理来说，若是溶液中含有金银，的确可以用铁置换得到，但是对于胆水而言，这么做却不过是缘木求鱼。

随着炼丹术的兴起，无数炼丹师就在这稀里糊涂的指导思想之下，架起火炉，试图用石胆化铁为铜，甚至还幻想化铁为金，结果当然都失败了。

直到北宋年间，信州人张潜发现，前人全都搞错了一个问题——铁置换出铜的过程只能在水中进行，最关键的工艺步骤则是“浸”。按照张潜的方法，把生铁薄片整齐地浸润在盛有胆水的槽中，几天后铁片就会变得更薄，这时候再经过反复炼制，就可以得到金属铜了，因为来源是胆水，故而这种产品被称为“胆铜”。

当张潜探明真相的时候，已经是年逾花甲的老人，自知无力将此绝学布告于天下，于是口授身传，将诀窍传给了次子张磬与四子张甲。张氏父子虽然此时并无功名，但是张家却是书香门第，尤其张磬正在忙着科举，用文字记录下浸铜术的秘诀并非难事。于是忙碌了几年之后，这部《浸铜要略》便问世了。对于当时的读书人来说，科举入仕才是正途，因此，张潜要求主笔的张磬以学业为重，令小儿子张甲前去朝廷献书，这才有了开头的那一幕。

不过，我国古代长期轻视工业技术的发展，手工匠人通常是社会底层，更别说因此封官加爵了，可浸铜之法如何能叫龙颜大悦呢？

这就不得不说起那场跨越了多个朝代、肆虐数百年之久的金融灾难了——钱荒！

自打唐朝中期开始，这两个字就成了帝王和执政者心中挥之不去的痛，史书上称“钱重物轻”，换作现代术语便是“通货紧缩”。

最初的钱荒发生在唐玄宗治下的开元盛世。

东汉末年，古代中国开始了持续四百年之久的大分裂，南北对峙，战乱频仍，人口锐减，商业凋敝。由于经济出现了倒退，部分地区甚至回归到以物易物的原始形态了。唐朝一统天下，又经过百年积累，商品生产空前繁荣，而社会上流通的钱币却没有相应增加，“通货紧缩”的问题便出现了。

虽然距今已有一千多年，然而当时士大夫们的金融常识并不落后，有位名叫刘秩[1]的官员就发现了“钱重物轻”的问题，并指出弊害：“夫物贱则伤农，钱轻则伤贾，故善为国者，观物之贵贱，钱之轻重。”可见，货币价值几许，在当时来看已经是影响国本的大事了。唐玄宗对此也十分重视，与大臣廷议是否开放私铸，利用民间力量摆脱货币不足的困境。众大臣对此不置可否，国舅爷杨国忠恃宠专权，招募了一批农民前来铸币，却因技术不熟练而南辕北辙，最后只好听从了监察御史韦伦的意见，高薪招募工匠，加大了货币发行量，年铸币量一度达到了32.7万缗，总算缓解了危机，

1　生卒年不详，著名史学家刘知几之子，有政典流传于世。

而这也是全唐造币的最高峰。[1]

数年之后，安史之乱爆发。按照一般规律，战争会导致生产力下降，物价上涨，那么反过来说，“钱荒”问题便会得到一定程度的缓解。

事实却并非如此。

随着唐朝中央政权的衰弱，货币发行能力也遭到了毁灭性打击，并且随着藩镇割据势力的增大，军阀们需要大量的铜钱用于军费开支；另一方面，商路堵塞，铜的交易受阻尤甚。于是，“钱重物轻”的威胁不仅未减，反倒是变本加厉。

面对愈演愈烈的钱荒，一些藩镇打起了冶铁铸钱的如意算盘。铁钱早在汉代就已出现，实则是私铸的“假币”，作为政府的金融手段，却是在这时候才出现。《天工开物·冶铸》记载道：“铁质贱甚，从古无铸钱，起于唐藩镇魏博[2]诸地也。铜货不通，始冶为之，盖斯须之计也。”

虽说铁钱只是权宜之计，但是直到唐朝灭亡，这“权宜”也没找到别的替代方案。五代十国，皇帝们来了又走，群雄

---

1 据《旧唐书·韦伦传》记载，杨国忠征农民铸钱，“伦白国忠曰：‘铸钱须得本色人，今抑百姓农人为之，尤费力无功，人且兴谤。请厚悬市估价，募工晓者为之。’”

2 魏博是唐朝藩镇名，地跨今山东、河北、河南三省。

并起，最终等来赵匡胤黄袍加身，藩镇割据的问题虽得以控制，而“钱荒”问题却已是积重难返，此时全国各地流通着各式各样的铁币。

政局稳定之后，宋太祖、太宗两代君主励精图治，下令禁止使用铁钱，改用铜钱，此举也立即得到了百姓们的拥护。不仅如此，官铸铜币重启，而且逐年增加——灭南唐时每年仅七万贯，到太宗至道年间，短短二十年就翻了十多倍，达到了八十万贯，远远超过唐朝的最顶峰。

尽管如此，“钱荒”问题还是没有得到解决，甚至就连铁钱都没有因此被彻底赶出市场，川峡四路依然不能正常地使用铜钱。

战乱之时，铜钱难得，有钱用就不错了，管它铁钱铅钱，可是等到和平时期，铁的价值贬得更快，因此铁钱与铜钱并用，弊端也就凸显出来了——为了买匹绢，可能需要扛上一袋子重达百斤的铁钱，这显然不利于商品交易。

于是，到了仁宗天圣元年，饱受铁钱之苦的成都，有十六户富商联合起来，印刷并发行了一种被称之为“交子”的纸币，这也是世界上第一种纸币。纸币是我国古代先民的伟大创造，然而这个伟大发明背后透出的无奈，却也实在令人唏嘘。从货币信用的角度看，它是一个早产儿，也由此埋下了隐患。

持续不断的“钱荒”之下，北宋历代皇帝都在试图提高铜的产量，以便满足货币需求。当韶州（今广东韶关）发现大型铜矿之后，立刻便有大量矿冶户投入生产，鼎盛时期达到十万人之众，铜的产量一度大到连中央政府都无力回购的程度，北宋时期铜的价值之高，由此可窥一斑。

正是在这样的背景下，《浸铜要略》横空出世，而宋哲宗对它如此看重，并为此厚赏，也就不足为奇了。

当然，封官加爵不是目的，朝廷最看重的还是实际开采效果。张潜研发出“湿法炼铜”技术的地点是信州铅山，因此朝廷便在此处设立了铜监，胆铜的年产量很快便达到了上百万斤。湿法炼铜的置换比大约是 2.4：1，也就是说，每炼出 1 斤胆铜，就会消耗 2.4 斤铁，因此工业化开采必然需要耗费大量的铁。但是，胆水是铜矿的副产物，若是不加以提炼，就将被作为废水排放，因此湿法炼铜可以说是变废为宝，并不需要开发新的铜矿，就能显著提高铜的产量。相比之下，铁的损耗也是可以接受的。

铅山的湿法炼铜工艺成功之后，在全国都开始推广，到北宋末年的徽宗时期，胆铜的占比就已经达到 20% 左右，十分可观。

令人匪夷所思的是，即便铜矿开采技术得到了大幅提升，北宋的“钱荒”问题依然没能得到解决。到了南宋时期，战乱又起，传统的铜矿生产因遭到破坏而衰落，工艺更为简单的胆铜成为主流，其占比达到了惊人的85%之多，但流通的货币总量越发显得不足，铁钱也重新成为常规的流通货币。

从中唐延续到两宋的钱荒，引起了历史学家的关注。正所谓以史为鉴，若是能够弄明白我们的祖先当时究竟做错了什么，也可以在当今避免重蹈覆辙。

显然，造成钱荒的最直接因素是社会生产力的提高，货币的发行速度跟不上商品生产的速度，而这一矛盾在使用贵金属作为货币时，是没有办法调和的。实际上，若是使用黄金白银作为通用货币，钱重物轻的现象会更加突出。

由于缺金少银，我国很早就使用了铜币，这已经让钱荒来得晚了许多。

铜在地壳中的丰度大约是50 ppm[1]，也就是说，平均每吨土壤与岩石中，大约含有50克铜元素。这个数值差不多是黄金的五万倍，因此战国之后的古代中国，铜的开采速度得以与商品生产速度基本匹配，也就没有爆发货币危机。但是不管怎么样，铜的储量总是有限的，所以随着社会的发展，

---

1 丰度指一种化学元素在某个自然体中的重量占该自然体总重量的相对份额。ppm为浓度的单位，指“百万分之一”。

必然会到达一个临界点，以铜为主的货币体系因此而崩溃。对于古代中国而言，自中唐开始的钱荒，便是这个临界点。

之所以这一次的钱荒持续如此之久，从化学元素的角度来说，原因其实很简单，那就是唐宋时期的货币专家，已经找不到铜的替代物了。

从钱荒产生的逻辑不难看出，当货币发行速度不济，导致铜的价值相对于商品“过高”之时，那么只要找到一种开采量略大而单价比铜略低的金属，便可以缓解危机。当时价值比铜更贱而且还能用于铸币的金属只有铁，可铁在地壳中的丰度是铜的一千倍，两者差距实在太大，正应了《天工开物》里的论断：“斯须之计”而已。

为了填平这条鸿沟，铸币师们也进行了很多其他尝试，其中“卓尔有效”的一条方案就是掺假。

我国的铜币是青铜时代的产物，长期以来一直使用青铜或红铜作为原料。青铜中的辅料是锡和铅，由于锡的单价并不比铜更低，对于钱荒问题的解决并无益处，于是廉价的铅就成了考虑的对象。铅不比铁，它的硬度很低，低到可以在纸张上划出痕迹，故而才有了“铅笔”这种书写工具（最早的铅笔，是指用金属铅做成的记号笔，可以划出灰色的笔迹，16 世纪石墨被发现后逐渐被取代，现代铅笔的笔芯主要由石墨和黏土混合制成），若是单独用于货币铸造，没几天就看不清面额了。别说是纯铅，就算只是铜铅合金里铅的比例高一些，做出来的青铜性能也会十分低劣。

明眼人很容易看出，这种障眼法其实和铁钱一样，并没有真正解决问题，反而由于劣质铜币的铸造，市场上呈现出“劣币驱逐良币”的现象，优质铜币不断被回收用于制造赝币，钱荒问题变得愈加棘手。

既然没有合适的铸币材料替代铜，一些经济学家也想出了办法，那就是采取“短陌”的制度。所谓“陌”，指的是一百文钱。既然铜币在使用过程中，由于通货紧缩造成购买力上升，那么何不约定一个数，比如实际支付八十文就可以当一百文使用了呢？不需要为了商品支付足额的资金便是“短陌”，以后世的观点看，这也的确是应对“商品过剩”的有效措施，现代商家促销时所用的“打折”，其实也是同样的逻辑。因此，作为一种行之有效的方案，“短陌”从唐朝后期被作为一种通行的货币法案，一直延续到宋朝。

由此可见，我们的祖先在应对钱荒危机之时，想出的办法并不少，而且这些办法也不笨。之所以治不好“钱荒”病，其实还有更深层的原因。

前面曾经讲过，自打铜器从军事活动中退役以后，制造日常器物就成了它的主要用途，并且很多方面的优异性能，使得青铜器在漫长的铁器时代仍然难以被取代。同时身兼货币与器物材料角色的铜，给古人提出了一个选择题——是造币还是造器？

对于执掌一国的君主来说，自然是选择造币，但是对那些地主、富户而言，他们却选择造器。于是，整个社会上的铜元素流通就形成了一条死结：中央政府铸造出铜钱，经过商品买卖流通之后，来到富人手中；对富人来说，铜钱作为货币的价值还不及打造成器物，于是就找工匠将铜重新熔炼，制成铜器。纵观唐朝以后的各代，铜钱成为最主要的货币，而铜的流向都免不了走上这条死胡同，尽管中央政府时常出台禁令，但收效甚微。就算不打造铜器，这些富户也不会把铜钱拿出来用于流通，铜器只是表象，而巨大的贫富差距才是本质。

富人藏铜以致铜钱紧缺，也迫使低收入人群不得不提高储蓄率，减少额外开支，这就使得原本就不畅通的货币流通变得愈加壅塞。全社会的货币需求量与流通速度呈反比，因此政府只能不断提高铜矿的开采力度。

当铸币速度依然无法抵消储藏带来的负面影响时，商品交易就停滞了，随之而来的还有苛捐重赋。此时，原本有利于经济发展的“短陌”政策，却成了为虎作伥的敛财工具。当政府采购商品的时候，民众依然实行“短陌”的方式，但是政府收税的时候，却可能以各种借口收取

"足陌"的钱款——所谓足陌，指的就是面值与实际价值等额。

晚唐僖宗年间，名将高骈镇守蜀中，他虽然才能过人，但是在此次任上却广施酷刑，滥杀无辜。之所以大动干戈，是因为他要求民间停止使用短陌钱，改用足陌钱，于是激起民怨，而他对此则是严厉镇压，"取与皆死"，只要有违抗者都予以处死。

不久后，高骈重修成都城，并派大军威慑南诏，因此可以推测，他实施的酷法很可能是为了筹集军饷，未必是谋取私利。但是从这件记载于《资治通鉴》的历史事件也不难看出，"短陌"对于普通百姓而言，无异于是一把悬在头顶上的剑。

随时可能为了所谓"江山社稷"而舍弃信用的中央政府，也使得民众不可能从内心接受官方印制的纸币，因为纸币的价值与面值相差更多，若是滥发纸币，势必会造成通货膨胀，后果也许更严重。因此，理论上虽然发行纸币能够根治钱荒问题，但是自纸币发明一直到民国时期，历朝历代的百姓们都不敢轻易放弃使用及储蓄金属货币。

对于第一次翻开《浸铜要略》的宋哲宗而言，他的内心或许还泛起了更多涟漪。年仅 21 岁的他，虽说早已登基十三年，但是亲政不过只是五年前的事。他的父亲，便是那位支持王安石变法的宋神宗。本欲图强，变法却虎头蛇尾，宋神宗在忧郁中死去。待哲宗继位，掌权的高太皇太后废除了新法，年幼的哲宗虽有不甘，却无可奈何。亲政后，他全面启用变法派，一改往年对四邻卑躬屈膝的投降作风，铁血西征并获得大胜。

终宋一朝，铜币外流如同一条无法愈合的创口，不停地在给大宋的经济放着血。由于最初和辽国争夺燕云十六州的时候未能获胜，澶渊之盟后，宋朝每年都需要给辽国支付"岁币"，后来与西夏的关系又如法炮制。北宋的经济繁荣是不假，但是软弱的外交政策，致使国内商业无法与强邻公平交易，再加上岁币支出，每年都有大量的货币流出。毫无疑问，这也使得钱荒变得更为激烈。

神宗与哲宗二帝痛定思痛，变法图强，但是，相比于岁币求和，打仗花费的钱还会更多，要想通过战争一劳永逸，首先就要获得更多的资金来源。这个时候，《浸铜要略》对宋哲宗而言无疑是雪中送炭，也让他平定天下的信心又增强了不少。

可惜的是，仅仅两年之后，这位雄心勃勃的皇帝便英年早逝，留下了后人无限的遐想与唏嘘。谁能知道，若是多给哲宗一点时间，他是否会就此摘下"宋武宗"的谥号呢？

时过境迁，铜元素的货币地位起起伏伏，直到如今从这个岗位上退休。两千多年来，它左右了古代中国的商业行为，某种程度上讲，正是因为它所导致的“钱荒”，才使得古代中国人形成了精于商却又轻于商的传统：一方面，人们不得不为了那些铜钱去精打细算，乃至疲于奔命；另一方面，它就如同是黄沙堆成的河堤一般，未有洪水来时看起来很有安全感，可真是遇上大雨滂沱，它却成了助纣为虐的帮凶。

青铜，对身处现代的我们而言，只是一曲古风雅韵的元素之歌，可对于手持青铜币的古人而言，却是无尽的利益与纷争。元素之歌，总会有它的休止符，可人间充斥的利来利往，却还在不停地上演。

而这一切，都被另一种化学元素忠实地记录了下来，要想看清它的面貌，我们不妨移步下一章，《硅的记忆》。

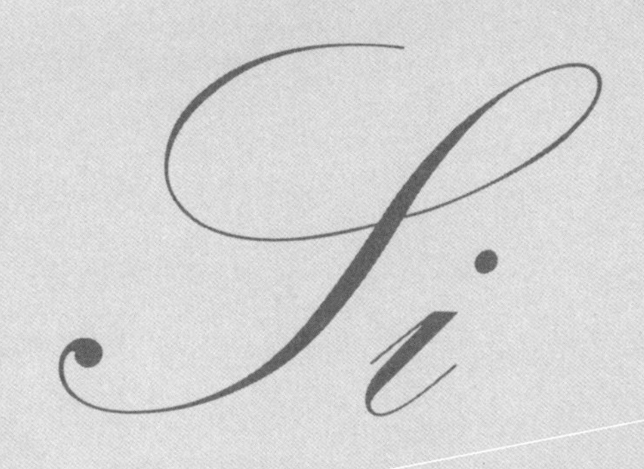

第三章

硅的记忆

/

The Memory
of Silicon

是敌人而不是朋友告诉我们，城市需要建造高墙。

——阿里斯托芬

第一节

岩石凿刻的记忆

2016年10月初，北方的天气完全配得上“金秋”的水准，不冷不热，雾霾也未曾作祟。时值国庆长假，于是本书的顾问，也就是我的夫人陈凌霄博士提议去西北地区走走，探访几处有意思的遗迹。她曾在北京大学念过几年科技史，也有着不浅的艺术造诣，所以没有太多犹豫，我便担起了司机的职责，从北京一路西去。

行至第三天，我们已经驱车来到了河套平原——“黄河百害，唯富一套”，这句流传甚广的俗语，说的正是这片地方。历史上，这片地区曾是匈奴、突厥、敕勒、党项、蒙古等各民族聚居的地区，当然汉人也曾在这里播撒过种子，养过马放过牛。如今，这里依然保留着典型的农牧混合经济形式，路边时不时地会出现羊群，也有不少老农将农用车停在路口卖瓜。

“黄河上游有不少岩画，这一片阴山里就有，只是要开到山区里。”我的顾问向我解释了此行的目的地。受益于丰富的水源，这里也有着并不落后的工业，基础建设也还说得过去，看起来交通没有太多问题。时近中午，我们在杭锦后旗补给了些许干粮饮料，便沿着蜿蜒的山路奔向一百多千米外的沙金套海苏木。

不过出城后不久，道路瓶颈开始凸显出来。由于碰上自驾前往额济纳旗看胡杨林的车流，狭窄的道路拥挤不堪，偏又赶上几个维修路段，施工的车辆拉着满满的土方在路边咆哮，掀起一股夹杂着黑烟的尘土。不得已，我们只好临时改变了行程，走上一条地图上标识颇为简略的小路。

路的右侧就是绵延的阴山，而左边则是大片的沙地，草丛并没有完全覆盖，偶尔还会看到一片流沙，风一起，漫天黄尘飞舞，沙子打到挡风玻璃上喳喳作响。没有人烟，车子也是几分钟才见得一辆，可以证明人类的踪迹曾经来过此地的，除了这条路、治沙的草以及山间的电线之外，就只剩斜坡上的墓地了。

下午三点多，总算开到一处村庄，路边竖了七八块宣传板，对这里的风土人情做了介绍。原来此处叫作巴音乌拉，是一处如今以蒙古族为主的古老村庄，有不少历史遗迹，而牧民们祭祀常去的格尔敖包沟，正是一处阴山岩画群。看来，我们离目的地已经很近了。

距离是不远，不过当地牧民对我们探访岩画的想法却很不看好：“那路可难走了，拐到河沟子里面七八千米，要吉普车，你这个车啊，过不去……”

不甘心就这么失落而归，我也就硬着头皮向前开去，果然前行不久便看到一处并不显眼的河沟，正是格尔敖包沟——说是河沟，其实这个时节并没有水，全是大石头——一条岔路贴着悬崖顺河而上，路边有块石碑，石碑上用蒙、汉、英三种文字写着“阴山岩刻，全国重点文物保护单位”等字样。

图 3–1　阴山岩刻
拍摄者：磴口旅游服务中心　李慧

然而，牧民们没有打诳语，因为雨季的山洪，本来就坑坑洼洼的路面如今更是遍地大小石块，没有专业的越野车还真是难以征服。阳光此刻已被山头半遮半掩，河沟里的气温也已降到寒毛直竖的级别，再过一会儿我们怕是就要起鸡皮疙瘩了。看起来，这一次的探访只能抱憾而归了，我们悻悻地返回路口。

格尔敖包沟并非是一个成熟的景区，所以遭遇这样的结果，也不完全出乎意料。事实上，这片岩画自从被发现以来，中国、蒙古与俄罗斯三国的考古学家一直在进行断代研究，时常还会发现新的岩画，大概出于文物保护的目的，没有开发也没有宣传，一般很少有人会千里迢迢专程寻找。所幸的是，我们的行程中还有位于宁夏银川的贺兰山岩画，多少可以弥补一点遗憾。

就这样回到村庄，来到一处小卖部打听回城的路，小卖部的老板听闻我们是因为看岩画才拐到这大漠深处，热情地说道："去阿贵庙那边看看，或许有。"

阿贵庙是此处的一间藏传佛教寺庙，据称是西北地区第一大红教圣地，与格尔敖包沟之间仅隔一道山。既然这一带自古就有人类活动，那么一山之隔，找到岩画似乎也不足为奇。

再次驱车，很快便来到阿贵庙所在的河沟——仍然没有水，也仍然有条岔路贴着峭壁与河谷，只不过这一次在路口有个显眼的牌坊，指引了“阿贵庙”的方向，牌坊下停着几辆前来参观的小车，路面也成了平整的混凝土。

开进山谷大概两千米，遇到几个正在修路的工人，我便又下车打听有关岩画的事。听我问完，有个工人兴致盎然地跑了过来，用一种难以置信的眼神打量了我一番，说：“是不是那种刻在石头上的画儿？”我不住地点头，连说了几声“对！”

他神秘地一笑，指了指河沟对面的一片黑色岩石，夹杂着方言说道：“说来真是巧了，我昨天啊去那边小便，正好看到几个石头上，画着些小猫啊小狗的，我心说这是谁画着玩的，还有点像，你去看看，是不是你要找的那个什么……”

我将信将疑，心说这也算是绝处逢生吧，拉上我的顾问就踩着枯水河谷里的石块跑到了对岸。果不其然，几乎在每一块完整的垂直岩壁上，都有一些动物的形象，牛和羊比较多，也有兔子和双峰骆驼，狗作为猎人的好朋友当然也不会缺席，猫倒是没见到。在一处比较完整的光滑岩壁上，除了各种动物之外，还有一名猎人，手上托着的似乎是一只猎鹰。这幅图最有意思的一点是，猎人胯下用非常夸张的方式展现了男性特征，几乎与两条腿等长，直白地体现出当时的生殖崇拜。

图 3-2　偶遇的那张岩画
拍摄者：磴口旅游服务中心　李慧

当我不禁感叹了这一点之后，我的顾问玩笑道：“你怎么知道不是当时刻岩画的人手滑了，多砸了一道儿？”

这当然是不可能发生的。看得出来，这些岩画的凿刻过程颇为费力，是先用锐器在石壁上打出一颗颗麻点，而这些麻点就如同我们如今电脑屏幕上所谓的像素，然后这些“像素”再连成一片，构成了岩画形象。这些锐器，很可能只是铁器时代以前的工具，甚至就只是一些石器，凿痕并不深，而且细看起来也很粗糙，如果采用 dpi（每英寸的像素数）作为单位，大概也就是 4 dpi 左右——相比于如今照片打印常用的 300 dpi 标准，相差了整整两个数量级。所以在这些岩画中，无论是动物还是人物，全然看不到眼睛毛发这些细节，有的只是羊角驼峰牛尾巴，而人体胯下的那话儿，显然也是因为刻意强调而凿刻的。

我们正瞧得仔细，刚才那工人还生怕我们找不着，丢下手上的工具，专门跑了过来，指点着他发现的这些“遗迹”。“有点意思，就是不太像，跟小孩子刻的一样。”他冲我们憨厚地笑着说道。我再次表示感谢，本想问问他的姓名，他却又着急地跑开去干活了。尽管确切地断代还有赖于考古人员的研究，不过还是可以确定，这些刻岩画的，可不是什么贪玩的小孩子，而是一两千年前的古人。如果这名工人的家族世代居于此地，他口中的“小孩子”，说不定还是他的祖先呢。

不过，他说的“小孩子”也有几分道理，如果把尺度放到整个人类文明，那么岩画的创作者正可谓是最原始的艺术家，比喻成“小孩子”真是再恰当不过了。

人类艺术起源于岩画，这并非只是一句空洞的阐述，而是全世界各地几十万幅作品佐证的历史。这种艺术起源之早，在石器时代就已诞生，最早的岩画距今已有四万年；这种艺术分布之广，几乎有人类活动的地区都有它们的痕迹，就连与新旧大陆都不相连的大洋洲也能发现；这种艺术流传之久，直到近现代也未曾消失，非洲的一些部落如今仍然保留了这一技艺。

可以想象，几千年甚至几万年前的先民们，也许只能居住在山洞里，用石矛追赶着猎物，用石斧砍砸着草木。夜深人静之时，他们大概也会望着漫天星辰发呆；而大快朵颐之际，或许又会期冀下一顿用以果腹的食物；面对时常遭遇的婴儿夭折，他们只能祈求一种未知的力量增强自己的生殖能力。于是，他们把自己的原始哲学，以及对生存与繁衍的渴望，一点点地都刻到了岩壁之上。这些石块与石壁，无意间就成了人类最早的历史遗迹。

在地球上，几乎所有的岩石都离不开同一种元素——硅。这种元素最大的特点就是常见，在地壳中的丰度仅次于氧元素，达到了 27%。实际上，硅和氧的总量大约占到地壳的四分之三，因此我们目所能及的陆地地表，比如岩石、沙滩，以及人工的建筑、道路，只要不是生命体，几乎都是二氧化硅（SiO_2）的衍生品，俗称无机硅酸盐。

不得不说，人类诞生在地球这样一颗以硅氧元素作为骨架的行星上，对文明的繁衍与发展来说无疑是件幸事。这些硅酸盐无论是火成岩，或是变质岩，又或是沉积岩，通常都具有一定的强度，硬度也适中，体积有大有小，熔点颇高无惧火烧，溶解度小不畏水溶，而且还可以用雕磨的方式成型。我们常说使用工具是人类区别于动物的一大特征，那么这满地的石头就可谓是天生的工具。实际上，甭说人类了，只要能够举得起来，动物一样会充分利用石头，比方说猩猩就会搬起石头战斗或是砸坚果，而在《伊索寓言》里还有个著名的故事，乌鸦借助于小石头提高水位，喝到了瓶中水，而对乌鸦的研究发现，这可是自然界真实存在的现象。

不难想象，我们人类在漫长的孩提时代也跟黑猩猩一样，无论是打架还是吃夏威夷果，首先想到的就是戳起脚边的石头——于是就有了所谓的石器时代。

并不是每一种矿物都能胜任如此多的任务。就说地球上另一种常见的岩石——碳酸盐吧，最主要的存在形式是钙质的石灰岩，它的硬度就担当不起石矛或者石斧的重任，甚至打来猎物拿它做烧烤架恐怕还有些风险——碳酸钙经过高温灼烧产生的生石灰，遇水就放热，可是个危险的角色。不过，在石灰岩上进行艺术创作倒是容易很多，只是年代久了风化也会更严重，目前保存尚好的石灰岩体岩画，多数都是在溶洞中，相反如果暴露在外，即便处在干旱少雨的地区，也未必能挺过自然的侵蚀。就在格尔敖包沟岩画群南部不远，还有一处桌子山岩画，虽与前者所处环境相同，岩画年代也大体一致，但由于刻在石灰岩上，如今已是斑驳模糊，难以辨识，现代工业带来的酸雨更是让其处境雪上加霜。

那么，硅酸盐究竟何德何能，成为如此普遍适用的工具原料呢？这就要从硅这个元素的性质说起了。

在元素周期表中，硅排在第 14 位，这也就意味着硅原子的原子核中有 14 个质子，而核外则有 14 个电子。这些电子在原子核外排成了三层轨道，最外层 4 个是可以参与化学键的电子，此外还有些空闲的电子轨道，上述这些就是硅原子用来参加化学反应的家当。

撇开枯燥的化学理论不谈，我们不妨将原子想象成一个个小球，这些小球堆积起来之后，就构成了我们的衣食住行，也构成了我们这颗星球。当然，真实的原子并非是个球形，没有实体的外壳，包裹原子核的只不过是电子构成的一片云——如果我们肉眼可以看到的话。每一种原子的“云层”都不尽相同，也正是这些云层的特殊构造，决定了这些大大小小的原子球在堆积时，往往需要采用特殊的姿势相互接触，而不是像把一堆乒乓球、保龄球、足球以及瑜伽球收纳到同一个筐里那么杂乱无章，相互之间随意碰触。比方说硅原子，在没有其他原子掺和的时候，每颗球的周围都有另外四颗与它相连，形成四面体结构，从空间上看这五颗原子就像是构成了一支展开后的相机三脚架，这些微型的三脚架依次相连，就构成了一个巨大的空间网络。这种几乎可以无限延伸的四面体结构在自然界并不多见，如果把硅换成与它同族的小弟碳元素，就成鼎鼎大名的金刚石了。这种结构在空间上可谓是环环相扣，没有什么弱点，通常都具有相当高的强度。

当氧原子前来一起搭建网络时，硅原子只是默默地两两断开，把一颗氧原子迎进来夹在中间，依旧保持四面体的结构。碳原子则正好相反，每一颗碳原子都被两颗氧原子包夹，原有的结构彻底瓦解，变成了气态的二氧化碳。从实际结构考虑，如果碳原子也想学会硅的这一招数，那么也就意味着在它并不宽裕的周遭空间里，要挤下四颗呈负电性的氧原子，这些家伙之间的斥力也会撕扯得它不堪重负（在极高的压力之下，二氧化碳分子也可以形成类似于二氧化硅的结构）。而硅原子的半径要大出许多，氧原子彼此之间离得远了，矛盾也就小了。因此，面对气势汹汹的氧元素，硅用一种包容的姿态，将它们消化吸收，如果这时形成的二氧化硅晶体结构完美，就是人们趋之若鹜的水晶了。

硅元素的包容还不止限于此。实际上，尽管绝大多数元素在构成单质时，凑不出像硅或碳这样的结构，但如果有了氧原子，很多元素也开始跃跃欲试，搭建类似的四面体，这其中学得最像的就是硅的左邻右舍——铝元素与磷元素。

磷与氧形成的四面体，虽然还做不到像硅和氧那样无限网络状延伸，却在生命体中大放异彩。无论是脱氧核糖核酸（DNA）还是核糖核酸（RNA），依赖的都是一维链接的磷氧四面体链条。铝元素就更了不得了，具有较强的空间延伸能力不说，还创造出新型的八面体结构——每个铝原子周围有六个氧原子，上下前后左右这般分布，大有压过硅氧四面体风采之势。而硅的同族兄弟锗，由于化学性质相近，也修炼出了类似的技能。

不过，硅元素对此似乎并无什么嫉妒，依旧十分大度，常常把自己的位置腾出来让给它们，让它们共享硅的四面体空间，形成所谓的铝硅酸盐、磷硅酸盐以及锗硅酸盐。它就像一位优秀的足球队长，总是可以组织好场上的十一名队员，遇到很强的选手时，它也会积极地吸纳到自己的队伍中。

除此以外，不少过渡金属和稀土元素虽说与硅的关系比较远，但对于这种结构一直心驰神往，比如钛、铁、钕等。它们个性迥异，如果把它们纳入到自己的球队中，也许会让自身的战术体系崩溃，但硅元素对此并不在意，而是设计出了“掺杂”的战术，让它们可以构成一支奇兵替补上场——事实上，这些掺杂的原子，往往会给朴实无华的硅酸盐带来意想不到的性能，比如稀土硅酸盐就常常用作荧光粉，如今广泛地现身于发光二极管（LED）灯中。

图 3–3　层状的岩石是大自然绘制的岩画

至于其他的一些原子，比如钾、钠、钙这些通常以离子形式存在的元素，它们与氧原子结合时，脾气就会十分暴躁。硅元素也没有放弃，而是帮助它们接纳了氧原子，而这些离子就可以填补在硅氧骨架之中，如同是它这支球队的啦啦队一般。

总而言之，硅氧结构似乎拥有接纳一切元素的能力，地球上的矿物几乎都愿意与它们做伴。但无论怎样组合，四面体骨架依然得以保持，因而硅酸盐岩石普遍都有较高的硬度和熔点。同时，这种结构也相当致密，水的侵蚀作用对它们不显著，除非是遇到强碱性水，否则它们也不会溶解，而这也大大延长了其寿命——我们如今还可以看到古人留下的岩画艺术，真要感谢这些岩石超强的记忆力。

其实，岩石又何止是承载了人类文明的记忆？那些沉积岩，它们描刻的化石何尝不是生命的记忆？那些火成岩，它们的那些独特花纹何尝不是地幔的记忆？至于由沉积岩与火成岩转化而来的那些变质岩，它们把数亿年的造山运动刻在了岩体上，不正是对沧海桑田最完美的记忆吗？

但，硅的记忆还远不止于此。

第二节

砖瓷镌刻的记忆

在宁夏欣赏过更为成熟的贺兰山岩画之后，我们一路东行，驶向黄土高坡。

一路上不时有路标指引着“明长城遗址”，毫无疑问，我们正走在明朝的国界线上，当时正是元（北元）明对峙时期，出于边疆安全的考虑，在汉朝兴修长城后一千余年，明朝政权再次大规模修起了长城。

“长城是月球上能看到的唯一建筑。”令人昏昏欲睡的下午，我随口找了个话题，试图活跃一下大脑皮层。

“这不是小学课本上就有的嘛。”我的顾问显然对此话题毫无兴趣。

“但这是谣言。”

“哦。”

但提到长城，我已经有了些许小激动，困意也顿时散去。

虽然这个流传甚广的说法已被证明不是事实，中国第一位“上天”的宇航员杨利伟也亲口否认了可以从太空中肉眼俯瞰长城，但无可争议的一点是，长城是从古至今人类最伟大的建筑之一。

一路来到陕西榆林的镇北台，不期而至的大雨挽留了我们，盛意难却，我们也就停下脚步，欣赏了这座要塞。镇北台号称“万里长城第一台”，名气虽不如最东头的山海关，也不比最西边的嘉峪关，但雄伟程度却丝毫不逊色。高台之上，塞北风情一览无余，很显然，明朝的边塞将士们就是在这里密切注视着北方的敌人。

高台南侧便是榆林城，老城的破壁残垣雄姿犹存，墙内巷道纵横，朱檐黛瓦，而墙外则是声声吆喝，阵阵麦香。紧贴着城墙，草丛已长得半人高，隐约可以看到有人沿着草间的小道散步。虽是年久失修，却也看得出来，当年这城墙少说也有十米之高。作为黄土高原上的重要边塞城镇，历史上也是战事不断，直到七十年前的那场内战，这里也依旧未能幸免，如今在城南的凌霄塔上，还留着当年纷争时的枪眼。

用砖块垒起高墙，是我们最为经典的防御性武器，万里长城，还有古代城墙，无一不是为了抵挡外敌入侵。就算是我们自己的小家，也会修起砖墙，抵御风吹雨打，提防小偷光顾。

方方正正的砖块，成了我们的又一个记忆，数千年来文明的交锋，构筑成一道道墙体，也像大地上的一道道裂痕，无言地诉说着历史。

砖块也是硅酸盐，只是比岩石和沙土多了些人类的加工，但就是这点加工，使它得以脱颖而出，成为建造城墙的最佳材料。

世界上现存的古代大型建筑中，尚有不少石工代表作，比方说埃及的金字塔。即便到了距今只有几百年的明朝，石料的使用也是相当普遍，例如紫禁城里的石阶与石壁。但同时期的城墙，却几乎都是用砖块堆砌。最为直观的一点原因在于，窑厂可以迅速烧制出大量标准尺寸的条砖，但要想切削出同样规格的石块，耗费的人力就不可同日而语了。更休提，石料作为一种资源，平原与草原地区少有分布，但烧砖所用的黏土，却很容易获得，这无疑也降低了运输成本。

实际上，砖可以看作是陶的变种，或者说就是陶器的一类。考虑到陶器的使用要早于青铜器，那么可以确定地说，陶是人类史上第一种利用化学反应获得的新材料。尽管与石器的成分类似，但它却彻底改变了人类的生活——原因很简单，陶器可以轻松烧制成坛子，石器却连一只碗都很难加工成型。

在人类学会用火之后，因为无意间加热黏土，最后得到烧结之后的硬质陶块，这显然并不需要太多巧合的因素。

黏土是一些富含有机质的硅酸盐,岩石颗粒通常比较小,而有机质相当于胶黏剂，让它们不至于成为一盘散沙。给黏土浇上一点水，它们就可以跟橡皮泥一样，随意被捏成各种形状；再用火灼烧时，仿佛是出于一种本能，这些黏土便被定型，就算再给它们泼水，也不会重新恢复成橡皮泥一样的黏土。看起来虽是波澜不惊，但在微观尺寸上这却是一段激烈的变化。

当黏土在被灼烧时，首先感受到热烈气氛的是水，它们很容易变为水蒸气，但由于硅酸盐复杂的网络结构，这个过程会持续很长时间。水分子跳跃着离开，同时也拽走了不少低沸点的有机物，而在它们挥发的时候，固体的组分也靠得更紧些了。

温度逐渐升高，包括油脂、石蜡在内的高沸点有机物也渐渐受不了热浪的洗礼，纷纷开始逃离，而一些来不及跑的，则开始分解、碳化或者被明火点燃，总之变得面目全非，当温度超过400 ℃时,这些黏土中的有机质与水就已消失殆尽,从而在空间网络中留下很多空隙。

就像我们前面曾说过的,硅酸盐体系不会拒绝替补队员,如果这些替补队员是过渡元素，在更高的温度下就开始展示自己的独特技能了。比方说硅酸盐中的常客铁元素，它有两种常见的氧化态，一种是红色的三价铁，另一种是绿色的二价铁。如果黏土中含有大量铁元素，那么在氧化型火焰中，就会形成红色，而在还原型火焰中，结果则是绿色——红砖与青砖便是这么烧制而成，而史前文明中的各种彩陶，其实也都是各种过渡金属的杰作。至于氧化焰与还原焰如何控制，主要就取决于通入空气的比例了。

不过，真正有决定意义的还是硅元素引领的转化。因为硅酸盐混有很多杂质，并且空间网络结构也不够规整，所以实际上并没有准确的熔点，而是在很宽的温度范围内发生软化，直到完全液化。黏土块整体软化的温度很高，通常要高于 1200 ℃，但在 800 ℃附近，就有一些局部网络开始松弛，通常越尖锐的部分也越容易屈服。因此，在这个温度下进行灼烧，黏土捏成的器皿或砖块，外形不会坍塌，但颗粒之间的网络却持续发生着解构与重构，小砂砾的界面逐渐弱化并开始融合，形成更大的网络结构。陶，就这么诞生了——人类重新发明了“石器”。

当然，陶与岩石还是有着很大差异，最明显的一点就是疏松的网络结构，这也就能说明为什么砖块比石头更容易吸水。这算不上是优点，因为强度会受到很大影响，无论是陶器还是砖块，摔到地上都很容易碎裂。不过对于工匠们来说，这也就意味着同样大小的砖块更轻，搬运与垒墙的工作也省力了不少。

明代的制砖工业异常发达，一方面是这项技艺发展数千年已经相当成熟，另一方面当然也是因为北方有个强大的敌人，边防不敢懈怠。

不过，人工改良的硅酸盐并不只是割裂了民族间的交流，事实上，它们很多时候也是民族间交流的纽带，而这个纽带便是升级版的陶器——瓷器。

瓷器是中国人的一大骄傲，甚至连英语中“中国”与“瓷器”都用了同一个单词（china），可见中国瓷器的影响力。但西方人也许并不知道，中国古代的瓷器其实还分着三六九等，最上等的官窑（御窑），那是给皇家揽瓷器活儿的，别说在他们国家惜若珍宝，就是在中国本土，普通百姓也是难得一见。不仅如此，官窑里还有个规矩，失手打破的瓷器，碎瓷片还要就地掩埋，生怕它们流入民间。如今，在瓷都景德镇的地下，就埋藏着六百多年来形式各异的瓷片，虽支离破碎，却完整地见证了元、明、清三代这里作为官窑的繁华与变迁。

不过，对官窑的严格管控并没有阻止民窑的发展，有的时候，一些民窑的瓷器作品水准甚至还会超过官窑。在众多民窑当中，最富传奇色彩的莫过于位于浙江的龙泉窑，它也被认为是中国流传时期最久、窑口分布最广的瓷窑，而历史上风格独特的“龙泉哥窑”至今仍众说纷纭。在明朝初期，龙泉窑一度与景德镇官窑并驾齐驱，只是后来由于诸多因素而衰落，令人不胜惋惜。如今，龙泉窑的瓷器仍然是古董收藏家们追逐的珍宝，但在考古学家的眼中，它们更是记忆了一段了不起的历史。

2005 年，正逢郑和下西洋 600 周年，一场声势浩大的纪念活动在江苏太仓展开。活动中，有几张来自东非肯尼亚的面孔吸引了众人关注，这其中有一位是马林迪市（Malindi）的市长。马林迪是肯尼亚的一座港口城市，1497 年，葡萄牙航海家达·伽马（Vasco Da Gama）第一次绕过好望角在这里登陆，使其成为东西方海上贸易的一座中转港口。然而，郑和带领船队驶入这座港口的时间却早了近一百年，甚至有文献记载，早在 9 世纪就已有中国的商船来到此处。600 年后，郑和的船队早已作古，但他的威名却依然流传在印度洋畔，肯尼亚使者们此次到访，也正式邀请了中方前去马林迪进行考古，探访郑和曾经留下的足迹。

经过充分的准备，这场跨国考古活动直到 2010 年才正式成行，北京大学考古文博学院的一支考古队前往肯尼亚海滨。

在马林迪市郊一处叫曼布鲁伊（Mambrui）的村落，考古队发掘了近两个月，寻找到大量从中国来的遗物，而龙泉窑的明代瓷器是其中的主角。有意思的是，由于肯尼亚本国历史资料的缺失，当地考古学家对于同时出土的本地陶器无法断代，而这些中国瓷器却很容易通过工艺与风格的特征判断年代，因此成了当地考古研究的重要依据。毫无疑问，这些当时在中国都称得上精品的瓷器，漂洋过海上万里，承载的正是当时人们对于文化交流与贸易的渴望，它们是串联东西方文化的使者；直到沉睡了数百年之后，就在这些瓷器重见天日之时，它们又成了沟通古今的使者。而在肯尼亚出土的这数千块瓷片，不过是千余年来海上贸易的一个缩影。

图 3-4 瓷器连接了亚、欧、非大陆

在陶器技术发展到一定阶段时，催生出瓷器技术几乎是水到渠成的事情。即便从今天的技术眼光看，陶与瓷之间也没有明显的界限，都是以黏土作为主要原料。那么，瓷器究竟是因为什么原因才脱颖而出的呢？

我们前面提到，硅酸盐是一类包容性很强的材料。在地壳中，丰度紧随氧硅的就是铝和铁，所以硅酸盐也会有极高的概率混入铝或铁。铁元素会带来色彩，而铝元素不会，所以黏土中铁含量的不同，自然也会让陶器的颜色有所差别。古代人在长期烧陶过程中，逐渐开始追求艺术性，对颜色有了偏好，而素色的白陶受到不少追捧，这就需要含铁量很低的原料才能够实现。最晚到殷商时期，中国的先民已经知道了如何去寻找这些白陶的原料——高岭土。

高岭土的化学成分通常比较纯净，几乎只含有硅、铝、氧三种元素，在没有水分时，通常是滑腻的细粉状。相传，高岭土这个名称来自于景德镇附近的高岭山；而在英文中，高岭土被称为 kaolin，是一个源于汉语的音译词，这也从侧面说明中国人对于高岭土的开发要早于欧洲国家。不过这也难怪，毕竟中国的高岭土储量居于世界首位，客观上中国人发现并使用高岭土也会容易很多。

挑选高岭土烧制白陶，瓷器的发明就已经成功了一半，此时的窑温大约还只有 1000 ℃。随着窑体施工技术的提升，保温措施越来越好，木炭质量也有所进步，因此窑温也有所提升。而当窑温达到 1200 ℃时，就发生了质变——陶器中的孔隙开始坍缩，原有的疏松硅酸盐结构开始变得致密，表面也因此变得更平滑从而出现了光泽。实际上，这个过程是因为临近硅酸盐的熔点，更多的棱角开始软化甚至熔化，才有了上述外观的变化。而且，不仅外观更为好看，连声音都变得好听了，原本的陶器摔落到地上只不过是沉闷的破碎声，如今却是有如玉碎般清脆。早期的瓷器便是这么个发明过程，于是高岭土又有了新的名称：瓷土。

看起来，这不过是温度的一点进步而已，但如果选用的黏土含铁量很高，由此烧制的瓷器就容易变形，所以说，对白陶的追求是从陶器进化到瓷器的重要环节。不过，正如我们已经知道的，铝元素不会产生颜色，高岭土烧出来的瓷器也只能是白瓷，虽然很美，却会让人审美疲劳，如果想要点颜色看看，又该如何是好？

这当然难不住那些能工巧匠。经过数百年的实践，青瓷逐渐发展起来，后来流行了近两千年，龙泉窑便是以烧制青瓷而闻名，直至今日，每当围坐到香茗桌旁，茶客们依然会对青瓷情有独钟。所谓青瓷，其实就是因为原料中含有少量的铁，在还原焰的作用下，最后当然就是青色了。“雨过天青云破处，这般颜色做将来”，无论是帝王将相还是文人墨客，典雅的青瓷都成为一种精神的寄托。

然而这还只是瓷器艺术的开端。

唐朝时期，陶器艺术出现了一次巨大飞跃，出现了一种多彩的釉陶，史称“唐三彩”。这种技艺好比将陶器当成了画布，以彩釉作为油墨，整个烧制过程如同绘画一般，由此出炉的陶马、仕女，均具有层次鲜明、色彩艳丽的形象，堪称一绝。这些彩釉往往是一些无机金属氧化物，因为元素种类与比例的不同，呈现出不同的色彩，例如钴的蓝色、锑的黄色，还有锰的紫色。在火焰灼烧之下，这些氧化物与硅酸盐融合，由此反射出多变的光泽。

这一上釉的技艺很快便成为瓷器工匠们的绝活。在提高温度之后，不仅瓷釉的质地变得紧密，颜色变化也更为丰富，因此在艺术异常发达的北宋时期，瓷器迎来发展的高峰，也就不足为奇了。青白色的瓷釉，居然可以再烧出红釉来，这让工匠们颇为兴奋，而“夕阳紫翠忽成岚”这句诗，便是盛赞宋代钧瓷所作。这样的色彩转化着实令人赞叹不已，如果没有化学知识，大概只会感叹上苍的造化，但这其实是铜盐在高温下转化为红色亚铜盐的杰作。

与此同时，利用瓷釉热胀冷缩率要高于胎体的原理，调整不同瓷土的配方，控制降温的条件，又出现了“开片”的技法，最终的器皿表面呈现出不规则的冰裂纹，煞是好看。

当然，决定开片形状大小以及图案的，还是原子之间的作用力，只不过这些秘密在当时并不为工匠们所知，他们完全依靠经验“打造”出了精美的裂纹。然而在此过程中，曾有过多少失败品，就只有深埋地下的那些碎瓷片才知道。

如今，虽然受到塑料制品的冲击，陶瓷制品正在退居二线，但陶瓷加工技术却没有停滞不前，反而随着时代突飞猛进。曾经，我们只能用双手捏出陶器的形状，如今却可以用 3D 打印技术（详见《钛平盛世》一章）去抒发灵感；曾经，我们只能用彩釉去勾勒青花，如今却可以借助激光去雕刻心情；曾经，我们只能寻找上等的高岭土，如今却可以加入牛骨粉烧制出绝美的骨瓷餐具……

砖瓦陶瓷的记忆，虽然古老，却从未远去。如果说岩画这种艺术记载的是人类初生之时与自然的关系，那么长城与瓷器，记载的就是智人这一物种内部的关系——有敌对，也有贸易，但归根到底，这都是因为我们揣着一颗不安分的心，总要去探索一片更大的世界。我们一直走在探索的路上，而硅元素总是悄无声息地帮我们记下了这些足迹。

第三节

玻璃印刻的记忆

马可·波罗描述一座桥，一块一块石头仔细诉说。

“到底哪一块才是支撑桥梁的石头呢？”忽必烈大汗问道。

“这座桥不是由这块石头或是那块石头支撑的，”马可·波罗回答：“而是由它们所形成的桥拱支撑。”

忽必烈大汗静默不语，沉思。然后他说：“为什么你跟我说这些石头呢？我所关心的只有桥拱。”

马可·波罗回答：“没有石头就没有桥拱了。”

在伊塔洛·卡尔维诺（Italo Calvino）所著的小说《看不见的城市》（王志弘译，时报文化出版社）中，马可·波罗与忽必烈之间展开的对话总是这么妙趣横生。

我很喜欢卡尔维诺笔下马可·波罗讲故事的方式，特别是石头和桥拱的比喻，用来揭示元素的秘密，真是再恰当不过：

> 马可·波罗描述一块石头，一种一种元素地仔细诉说。
>
> “到底哪一种才是让石头坚硬的元素呢？”忽必烈大汗问道。
>
> “这块石头不是因为硅元素或是氧元素才变得坚硬的，”马可·波罗回答：“而是由它们所形成的分子结构支撑。”
>
> 忽必烈大汗静默不语，沉思。然后他说：“为什么你跟我说这些元素呢？我所关心的只有分子结构。”
>
> 马可·波罗回答：“没有化学元素就没有这些结构了。”

在地球上，一百多种化学元素就是万物的基石，它们相互组合，相互缠绕。很多时候，说不清究竟哪一种元素起了什么作用，同一种元素换一个场合，扮演的角色也不尽相同。但是，没有它们，休说桥拱，石头也将不复存在。

1295 年，当马可·波罗这位资深“驴友”游历 25 年并最终回到家乡威尼斯时，他的朋友，还有他的同乡无不成了他的听众。毫无疑问，他是个非常善于讲故事的人，虽然我们如今无法亲耳聆听，但从《马可·波罗游记》的字里行间，还是可以感受到一段荡气回肠的传奇。

他抵达中国时，正是南宋政权在蒙古铁蹄之下苟延残喘之际。

他说，在襄阳，鞑靼皇帝面对誓死抵抗的军民无计可施，围城三年却久攻不下，正是两名威尼斯兄弟——马可·波罗的父亲与叔叔——尼克罗与马飞阿献计献策，用西方技术发明了一款投石机，足以发射三百磅重的大石头，迫使襄阳城投降。不过，据可信历史，这巨炮的设计者其实是来自西域的“回回”。

他说，苏州是个壮丽的城市，居民都穿着锦衣绸缎，而在城外的山丘上，长满了在西方人看来非常名贵的大黄。不过，根据大黄的习性，并不可能大批量生长在苏州，倒是可能会生长在与苏州谐音的肃州（今甘肃酒泉）。

他还说，杭州作为“蛮子省”（即南宋政权）旧都，是一个极尽奢华的城市。宋帝在这里建起巨大的宫殿，过着糜烂堕落的生活。妃子们在御花园里嬉戏，感到厌倦时，就会脱去衣物跳入湖中，像鱼儿般裸泳，而皇帝则躲在一旁欣赏着这一切，酒池肉林最终让他忘掉了社稷，丢掉了江山。

马可·波罗讲述的这些故事，在少见多怪的中世纪威尼斯人听来，实在是过于荒唐离奇，人们都将信将疑。据说，在他临死之前，一些朋友与教士为了他的安全，都劝他承认自己的游记全是捏造而成，但他不仅没有屈服，还强调说他讲的故事才只是所见所闻中的一半儿而已。不过话说回来，尽管有不少夸张与偏差，他的游记还是让西方人听说了一个富饶无比的东方国度，此后的大航海时代中，很多人也是因为受了他的影响，才一心向往东方，不惜尝试绕过地球，寻找彼岸。

威尼斯从不缺少优秀的故事讲述者，比起马可·波罗来，其中有一位对历史可要忠实得多，几百年以来默默地记载着欧洲大陆发生的剧变——它叫作“玻璃”。

玻璃是硅氧四面体玩出来的又一个把戏，但却有着一个令人匪夷所思的特点：透明。

自然界中，透明的液体与气体都很常见，比方说水和空气，因为司空见惯，人们并不觉得神奇。然而，透明的固体就不那么容易看到了，所以古人会将各种透明的石头采集下来当作宝石。

在中国，晶莹剔透的玉石一直是君王与贵族把玩的上品，甚至在多数时候，玉石比黄金的地位还要高，这一点我们在《炼金之路》中早有领略。通常来说，透明度越高的宝石，也会受到越多的追捧。

这一点在其他古代文明当中也不例外，尤其在蒙昧时代，透明的宝石能够给人以安慰，人们相信它们可以带来好运，驱除邪气。

而在常见的宝石当中，最为透明的就属水晶了——化学成分以二氧化硅为主体的一类晶体，如果结晶条件良好，往往还可以看到清晰的六方棱柱。在人们的固有印象中，四处漂泊以算命为生的吉卜赛女郎，就是从水晶球里读出了神的旨意。而在如今风靡全球的电子游戏中，水晶往往也都是魔法的象征。

水晶最喜欢出没的位置常常都是些地壳活动比较剧烈的地方，这是因为高温高压的环境更有利于二氧化硅颗粒相互融和，从而形成一个整体。有的时候，火山喷发时也会顺带把一些水晶送到地面上，在早期人类看来，这也进一步给水晶赋予了一股神秘“力量”。

那么，如果这股“力量”被人类掌控了会怎样？

相传在两千多年前，地中海周边的腓尼基人就曾掌控了这一力量。说起来，整件事情的起因有些意外，纯粹是一种巧合。

那一年，一艘腓尼基商船为了躲避风暴，来到了一处港湾，晚饭就只好将就将就了。不曾想，沙滩上连个锅架都找不着，情急之下，便从船上取了点货物当烤架。夜间，一名水手不小心踢翻了他们这简易锅架，没当回事就继续睡了过去。次日醒来，水手们惊呆了，在熄灭的篝火旁，居然散落着一些水晶般的“石头”。是上天送来的？腓尼基人显然有些怀疑，他们认为问题一定出在这倒掉的“锅架”上了。

原来，他们用来充当“锅架”的货物，其实是一些苏打块，也就是碳酸钠结晶。然而，仅靠这些苏打块，显然造不出“水晶”出来，但这沙滩上，除了沙子，什么也没了。于是这群人就琢磨，这一定是苏打与沙子之间才能发生的转变。经过试验，果不其然，这二者在火的灼烧之下，居然就化成了透明石头，这实在是太奇妙了。

自此，腓尼基人将这种水晶一般的人造宝石称之为“玻璃”，并在商业上大获成功。毫无疑问，若是掌控了火山一般的力量，赚一笔横财也是情理之中。

不过，这个故事至少有两点漏洞，让人怀疑这不过是腓尼基人在兜售“玻璃”制品时杜撰的传奇故事：一来，在更早的一段时间，古埃及人就有了玻璃的记载，而酷爱经商的腓尼基人恐怕早就学到了配方；而更重要的一点是，在篝火那样的条件下，苏打和沙子并不足以形成玻璃。

其实这就要从玻璃的结构说起了。

某种意义上讲，玻璃和瓷器表面那层光滑的釉实际上是一类物质，都是熔融之后的硅酸盐凝固后的状态。不同的是，无论是沙子还是高岭土，如果靠火力将其完全熔化，那么大约需要 1500 ℃的高温，但如果向其中加入了碳酸钠，它的熔点就会大幅下降，在 1200 ℃左右便化作一摊黏稠的液体，工匠们则可以趁此时机，将它随意加工成各种形状。通常，玻璃在600 ℃下就开始变软，此时，将一根玻璃棒折弯，也不再是什么难事，化学实验室也经常借助于酒精喷灯来加工一些简单的玻璃器皿。不过，对于野外的篝火而言，600 ℃已近极限，在同一个位置保持这一温度几乎不可能，更何况火焰的最高温度还是出现在顶部而非底部，所以腓尼基人的故事很难让人相信是真的。

摆开这个故事的真假不谈，我们现在需要探讨另一个问题——为什么玻璃会是透明的？

乍一看这很简单，因为彻底熔化之后的硅酸盐，气泡全部被排出，形成的黏稠液跟水一般澄清，那么降温时不就跟结冰差不多吗？至于陶瓷，由于内部气孔的存在，光在照射时经过多次界面反射与折射，也就变得不透明了——刚刚倒进杯中的啤酒满是泡沫，看上去也不透明，这道理是一样的。

然而，细想下来，情况远不是这么简单。比方说，冶铁炼铜，也是将它们烧化成液体，但我们却从未见过透明的金属块，这又是什么原因呢？

原来，和金属不同，硅原子与氧原子构造的这个结构，电子在其中振动的频率并不会与可见光之间形成共振，同时可见光的能量较低，还不足以将低能的电子激发到亢奋的状态——这当然不是说玻璃晒太阳就不发生任何变化，实际上它们吸收的是紫外光，只不过人眼看不见紫外线，也就没什么直观感受了。所以，可见光在穿过玻璃之时，并没有多少对它们感兴趣的原子，如入无人之境，看起来便是透明的。如果我们人眼所能感知的“可见光”波长处于现在所说的“紫外光”范围内，那么玻璃其实也是不透明的。利用这个原理，我们可以用玻璃眼镜阻隔紫外线的侵扰，却不会因此影响视线。当然，有的时候硅酸盐骨架中请来的客人倒是会抢点风头，给玻璃增添一点颜色，就和它们在瓷釉中宣告自己存在的方式一样。比方说，当玻璃中掺杂了钴原子时，玻璃便成了蓝色。

但这还不是玻璃透明的全部秘密。实际上，也有很多物质，尽管液态时是透明的，但降温凝固之后，却变得不再透明，比方说蜡烛便是如此，玻璃却又为何能在凝固时保持自己的冰清玉洁？

这就要说到玻璃不易结晶的独门绝技了。

从成分上看，水晶与玻璃差不太多，都是二氧化硅为主体，不仅如此，如果把水晶熔化之后再凝固，最终得到的就不再是水晶，也寻不到水晶那独特的六方棱柱，此时的水晶其实便已成了一种“玻璃”。

一般来说，物质可以被区分成晶体与非晶体两种类型，在微观层面上，晶体的特征是具备可以重复的单元，具有规律性排列，如同是阅兵式中的三军将士；而非晶体呢，就如同是群众方队，没有队形，混乱地排在一起。就像部队方阵需要苦练很久一样，原子如果也想排成整齐的方队，同样需要时间，有的时候还需要有强大的外力，比如地壳运动造成的强大压力。

当物质熔化为液体之时，除了少数像液晶这样的物质还可以保持基本阵形以外，大多数物质都因为感受到了外界的高温，开始变得散漫随意。一旦这时感受到降温时，原子才开始慌慌张张找自己的位置，重新排队。对于像水这样的小分子而言，体形小巧灵活，而强氢键的存在就如同是地面上的标线一般无声地指挥着每一个成员，重新排列成晶体还不是难事。可对于较大的分子来说，排队形便困难多了，最后结果就是，有的区域已经站好了队伍，而有的区域却仍然混乱不堪，不同队形的原子还因此产生了隔阂，在宏观上形成界面。

对于光波来说，界面的存在当然是令人无奈的，它们在界面上不断反射、折射，消耗了能量，最后不见了踪迹，于是这些物质也就显得不透明了。

硅氧原子的四面体构造是个更庞大的工程，牵一发而动全身，排列队形的难度也就更大，通常情况下，它们就选择了放弃，干脆以一种无定型的状态凝固在一起，虽然无组织无纪律，但彼此之间的关系还是非常融洽，没有形成界面，也就依然能够保持透明。

那么我们回过头来说，这透明的玻璃为什么又成了威尼斯的故事讲述者呢？

故事还得追溯到罗马帝国时期。

前面曾说，古埃及人最先发明了玻璃，腓尼基人很可能学习并继承了工艺。但经过史学家考证，这一时期的玻璃其实还远远称不上是很精美的材料，外观上模糊不清，只能算是勉强透明。

两千年前，强大的罗马帝国在地中海沿岸崛起，手工业也因此迎来了空前繁荣。随着技术的提升，玻璃加工逐渐从高端奢侈品制造材料转变为平民材料，罗马的市民甚至可以给房子安上玻璃窗，一边看着窗外风景，一边酌饮着玻璃杯中的美酒。

然而，正所谓月满则亏，帝国的强盛未曾持续多少年，很快便因各种内忧外患发生分裂，玻璃技艺散落到了全国各地，政权相对更稳定些的东罗马帝国也就继承了更多衣钵，君士坦丁堡成了当时玻璃技艺的展示中心。但在1204年，十字军的第四次东征却成了一次假虞灭虢的阴谋，君士坦丁堡被洗劫一空，惨遭屠城，手工业者再次流离失所。

当时，威尼斯商人的名头已是响彻欧洲，也许正是商业的驱动，主要以加工艺术品为主的玻璃技师们辗转之后，聚集到了这座城市，而就在同一个世纪，马可·波罗也在威尼斯诞生了。

自此之后，玻璃加工中心便由君士坦丁堡迁到了威尼斯，但由于烧制玻璃需要上千度的高温，容易引发火灾，到了13世纪末，威尼斯当局只好将这些作坊全部迁到了穆拉诺岛，也就是如今游客们向往的“玻璃岛”。七百多年来，这座岛屿一直都是玻璃制造业的殿堂。

产业的集中自然也就意味着创意的发散，大约是因为工人们时常需要透过玻璃片评价透明度，于是就有人注意到了玻璃的奇异光学现象——倘若玻璃片不平而是有凸起，就可以产生放大的效果。由于威尼斯距离天主教的核心地区很近，教会的工作人员很多，于是这种“放大镜”很快便受到了教士们的欢迎。作为当时为数不多的读书人，昏暗的烛光早已损害了他们的视力，因此他们迫切需要这种工具的辅助，才能不费力地诵读经书。反过来说，也正是因为这种镜片的发明与普及，更多的人可以有机会识字读书了，当然前提是有财力买下这原始的“眼镜”，毕竟在当时，那还属于奢侈品。

不过，这些镜片推动的，还远远不止是读书的风气。

为什么玻璃镜片不平整就可以让我们看到一个或清晰或扭曲的世界？这个问题吸引了众多科学家的注意，从而催生出了现代光学。到了17世纪，牛顿在前人研究的基础上，依旧借助于这些玻璃的凸透镜、凹透镜以及三棱镜，将光学推向了新的高峰。

同样还是这些镜片，或许是不经意的把玩，有人发现将两个镜片叠合，调整到一定的间隔，便可以产生清晰放大的效果，而且放大倍数可以达到几十倍甚至几百倍。受此启发，1590年，荷兰与意大利的眼镜商几乎同时发明出了显微镜。几十年后，英国人罗伯特·胡克（Robert Hooke）正是在这些显微镜的帮助下，看到了植物“细胞”。而大名鼎鼎的列文虎克（Antony van Leeuwenhoek），不仅通过显微镜看到了微生物的世界，他本人也是一位技艺高超的透镜打磨师，可以说他在生物学领域的发现，是他自己磨制透镜天赋的直接体现。

在显微镜被发明出来之后，望远镜的出现就只是时间问题了。1608年，仍然是荷兰的一群眼镜商们实现了这一点。而相比于显微镜，望远镜的命运则更为戏剧化，可谓是既得其主又得其时，仅仅在第二年，身居威尼斯的伽利略对其加以改进之后便用到了天文学观测中。玻璃之都是伽利略的福地，因为在16至17世纪期间，这里的学术氛围浓厚，虽靠近罗马却并没有被教会的力量左右，让伽利略的学说能够不受限制地发表传播。1610年，是伽利略寓居威尼斯的

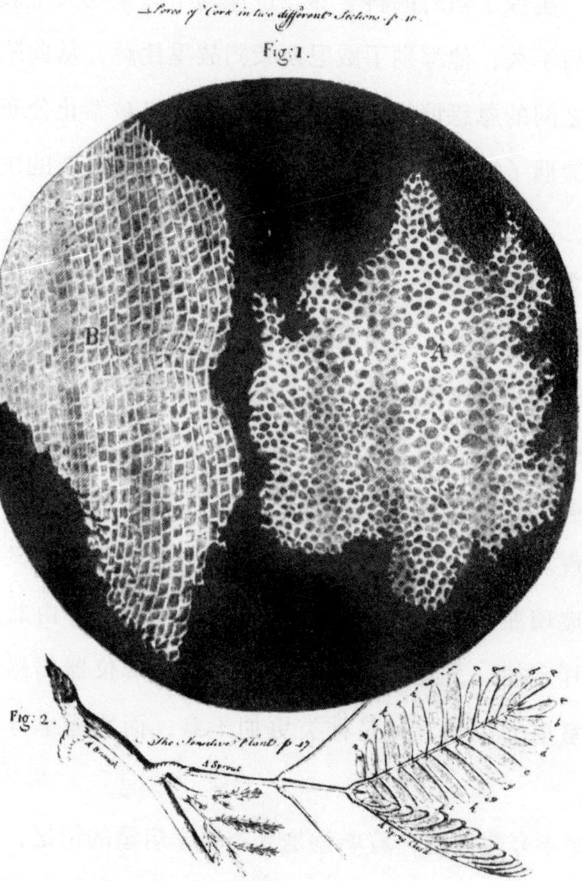

图 3–5　胡克在显微镜下看到的植物组织

最后一年，就在这一年初，他将望远镜对准了木星，发现了木星的四颗卫星，这也连同他利用望远镜所发现的其他现象一起，震惊了当时的科学界，也惊动了教皇与大主教们。然而此后不久，他辞别了威尼斯荣归故里比萨，从此陷入了与教会之间的恩怨情仇，不仅很多学术成果被禁止公布，还在晚年遭遇了牢狱之灾，这让他对当初离开威尼斯的决定后悔不迭。

文艺复兴期间，各类自然学科蓬勃发展，当然也少不了近代化学的奠定。而相比于光学、生物学以及天文学来说，化学的发展就更离不开玻璃了——玻璃能耐酸也能短时间耐碱，更重要的是可以透过它看到化学变化的过程，因此随着玻璃工人的技术越来越高超，各类奇异的玻璃器皿也开始出现。就在牛顿研究玻璃三棱镜的同时期，波义耳也在利用玻璃瓶和玻璃管，研究着气体的性质，并由此发现了波义耳定律。直到四百年后的今天，玻璃仪器仍然是化学实验室里的主角，只是种类更加丰富，而性能也有了长足进步。

毫不夸张地说，玻璃就是人类科学启蒙的记忆，它的剔透气质，也许勾起了人类追本溯源的欲望；而它对光线的“改造”，更是让人类得以将这个世界看得更远看得更深。

甚至，它还在哲学领域中留下了自己的身影。

还是在17世纪，在众多科学发明的推动之下，欧洲大陆正在酝酿着一场剧变，而教会只能歇斯底里地采用各种手段去压制或惩罚那些“亵渎”神灵的人。斯宾诺莎（Brauch de Spinoza），这位出生于荷兰的犹太“教徒”，也许是受到家族遭遇迫害的影响，开始思考“神”的真意。

“上帝”究竟是什么？斯宾诺莎回答道，上帝就是自然，就是宇宙。换言之，传统神学意义上有一点人格化的“上帝”，斯宾诺莎予以了否认，却坚信自然法则才是至高无上的“神明”，这与如今的科学哲学有一定相像。很显然，他的这套“歪理邪说”只会遭来教会更为激烈的迫害。为了与教会彻底撇清关系，他放弃了原本优渥的生活以及收入颇丰的神职工作，在相对开明的荷兰继续发展着自己的学说。所幸的是，当时的荷兰正是眼镜业蓬勃发展的年代，需要大量的人力磨制玻璃镜片。于是，有赖于这门手艺，斯宾诺莎总算不至于吃了上顿没下顿，而他在用自己的理论学说推动理性科学发展的同时，更是用自己的双手，亲自“制造”出了科学研究的武器。

时过境迁，玻璃依旧是人类社会中不可或缺的一种材料，也还在科学研究中发挥着重要价值，但是如今的玻璃又打上了更多科技的烙印。

最能代表现代社会的汽车，如果没了玻璃，纵有几百匹马力，也只能和骑马差不多速度，因为要是速度再快一些，迎面吹来的风就会让人睁不开眼睛了。不过，能够用来挡风的玻璃却不是一般的玻璃，而是强度更高的“钢化玻璃”。

通常玻璃让人感觉透着一股美丽而脆弱的气息，轻轻摔一下都可能四分五裂。这实在是让人有些意外，毕竟它的近亲水晶坚硬无比，同属硅酸盐的岩石大多也可谓铮铮铁骨。

这其实就要说起一种我们感受不到的力了——玻璃的内应力。所谓内应力，其实在日常生活中并不鲜见，比方说刨花之所以会卷曲，就是其内部分子间的拉伸力在起作用。当这一层刨花与木头主体牢牢抱成一团时，由于受到底层吸引力的影响，它们看上去就如同是木头的一层皮肤，平平整整；一旦被削下来之后，外力撤销，它们便在内应力的作用下变了形。

玻璃在加工过程中，经过高温洗礼之后又缓慢回到室温，但作为一种热的不良导体，降温之时，自然各处的温度也会不同。这样就导致不同区域的收缩程度也有差异，宏观来说，就是形成了“裂痕”，表面看起来铁板一块的玻璃，其实更像是几个部落联盟而已。当然这种裂痕我们不容易观察到，可一旦受到外力作用，这些裂痕便会暴露，普通玻璃也因此四分五裂。

大约在17世纪，英国一位“鲁伯特王子”（Prince Rupert）演示了一种奇妙的玻璃制品——一颗泪滴形状的玻璃珠，坚硬无比，锤子都不能奈何它，不过，只消折断它纤细的尾部，整个“泪滴”都会粉身碎骨，变成细小的玻璃碴，这种奇妙的玻璃珠也因此被称为“鲁伯特之泪”。

其实鲁伯特之泪的制作过程并不复杂，只需要将熔化状态的玻璃液滴到冷水中便可以形成，但为什么玻璃会因此被强化的原理却是在19世纪才被揭示。

与一般玻璃缓缓降温的加工方式不同，灼热的鲁伯特之泪骤冷之时，表面首先凝固，并且遵循热胀冷缩的规律而收缩，给了内部很大压应力。此时，内层的玻璃仍然是红热状态，直到寒意透过表层传来才开始凝固，凝固时由于体积的收缩又会形成一股将表层向内部拉拽的力，也就是所谓的张应力。这样加工而成的玻璃，表面上不再有裂痕，一致对外，故而体现出很高的强度。不过，由于矛盾隐藏在内部，一旦从最脆弱的地方攻破堡垒，应力便会以每秒一千多米的超快速度传递，玻璃出现土崩瓦解的现象，顷刻之间化为粉齑。

正是基于这一工艺与原理，一百多年前，钢化玻璃被发明出来，从而进一步推动了现代城市的两大主体——行走的汽车与矗立的摩天大楼。如今，无论走在纽约街头还是迪拜海滨，繁华的都市，闪耀着的都是钢化玻璃反射出的阳光。

只不过，这样的繁华也蕴藏着一丝隐忧，大约有千分之三的钢化玻璃会在安装之后的五年内发生自爆，这是其内部应力突然爆发所致，悲剧时常也会因此而上演。这似乎也在提醒着我们，科技的发展并非无懈可击，人类的脚步不能因此而停滞，只能继续探索。

而硅元素，作为科技与城市的使者，也在默默地记载着这一切，就像威尼斯留给马可·波罗的零碎记忆那样生动：

> 他记得在理发匠的条纹顶篷之后是铜钟，然后是有九条水柱的喷泉、天文学家的玻璃塔、瓜贩的摊子、隐士和狮子的雕像、土耳其澡堂、街角的咖啡屋，以及通往港边的小巷。
>
> ——节选自《看不见的城市》

第四节

信息雕刻的记忆

我们的主角——硅元素，已经陪着我们走过孩提时代，记载了我们懵懵懂懂的涂鸦；又陪着我们走过少年时代，用城墙和青花瓷勾勒出了我们的好战与好奇；而到了我们的青年时代，它默默地启蒙热血沸腾的人类去理性思维，创造奇迹。如今，壮年时代的人类信步来到信息社会，已经越发离不开它了。

20 世纪 80 年代初，瑞士的钟表业遭遇了前所未有的寒冬，因为来自日本的冲击，两大制表业巨头 SSIH 与 Asuag 都已面临倒闭。这一天，瑞士联合银行（UBS）问计于他们的顾问——哈耶克工程咨询公司的 CEO 尼古拉斯·乔治·哈耶克（Nicolas George Hayek），商讨是否能够为日本企业收购上述两家瑞士企业出具计划。当时，瑞士人认为，日本制表业作为后起之秀，人力成本远低于瑞士，在钟表业上具有无可比拟的优势，故而不可与之争锋，还不如放弃这个行业。然而，这件事却令哈耶克大为愤怒，他坚信瑞士的钟表技术仍然是世界顶尖，而且一旦失去了钟表，瑞士将失去一切。

不过，仅仅是愤怒当然解决不了问题，哈耶克也很明白这一点。因此，他将目光聚焦于制表业，仔细分析瑞士的这些企业为何竞争不过同行，而日本的精工（Seiko）及西铁城（Citizen）又为何能够在全世界吞噬瑞士原有的市场份额。

不久之后，问题的症结就显露出来。在整个 70 年代，瑞士手表的口碑已经明显落后于日本手表，这不仅仅是因为价格昂贵，更是因为瑞士手表的精准度不及日本产品。

依传统的眼光看，如果要想让手表走得更准，那么需要的机芯零件就会越多，这样凝结在手表上的劳动力价值也会越高，自然产品价格就更高，所以很多业内人士都自信地认为，日本手表虽然侵蚀了低端市场，但肯定会因为精度问题打不进高端市场，也许很快就会被消费者抛弃。而现实却是，从 1969 年至 1979 年的十年间，瑞士手表在全世界的市场占有率从近 70% 直降到了 10%。直到濒临崩溃的边缘，瑞士制表企业才发现自己的固有思想错了。

错在哪儿了呢？这还要从二十多年前说起。

1960年，瑞士手表商宝路华（Boluva）推出了一款全新机芯的手表，计时方式不再采用传统的游丝与摆轮，而是由电磁线圈驱动的镍合金音叉。由于这种音叉的固有振动频率达到了360赫兹且十分稳定，因此计时的可靠性大幅提高，一天误差不过一两秒。然而，这种音叉表在当时来说，需要极其精巧的设计，普及难度也就可想而知，但音叉的设计却让很多人看到了一个可以更准确计时的新世界。

于是，很多制表企业都想到了另一个晶体——石英。早在19世纪后期，石英的振动等时性就已经被发现，而贝尔实验室更是借助于这一原理开发出了石英钟，在工业上得到了应用。受音叉设计的启发，这些企业便开始探索石英音叉的可能性，并且很快就有了成果。相比于镍合金，石英的振动频率又提高了两个数量级，更关键的是，还省去了不少复杂的设计，一个外形如音叉的石英晶体谐振器就能准确计时。到1967年时，瑞士制表业已经可以熟练地生产出石英晶振，并基于此技术制造石英表机芯，石英表的时代眼看就要来临了。

不过就在此时，瑞士的这些制表企业突然想到一个问题：手表是精密制造的符号之一，石英表的结构相比于机械表来说，似乎是太简单了些，这种表怎么能体现制表业的精髓呢？不仅是生产商这么想，消费者也是不买账，石英表看起来实在是有些简陋，不如机械表那么有质感。于是这一年成为瑞士制表业的转型之年——不再大力投入石英表，而是继续开发机械表，并将石英晶振机芯作为低端手表技术，不断地教给那些日本同行，毕竟低端市场也还是要有人去做。

1969年，日本精工开发出了第一款商业化的石英表，尽管产量并不高，却为下一个十年的瑞士制表业敲响了丧钟。在电子设备尚未普及的年代，一款可以精确计时的廉价手表，让普通人享受生活的梦想越发丰满，不需要为购买手表攒钱，更不需要经常守着标准时钟去对表，赶火车飞机的心情也变得从容了许多。瑞士人就是这么浑然不觉地将手表的市场占有率拱手让出，等到发觉时，竟不知原因是什么。

找到问题的根源后，哈耶克立即着手了两项决策：一是自己出资，促成SSIH与Asuag的合并，从而创立一家新的瑞士手表巨头——斯沃琪（SWATCH），可以看得出来，这个品牌就是瑞士手表（Swiss Watch）的缩写，可见哈耶克的雄心；更重要的一项决策是，他认为手表业还是要回归"计时"功能的本质，机械表的情怀只不过是吸引了那些对计时并不关心的手表发烧友而已。因此，全新的斯沃琪也将大举生产石英表。

仅仅几年之后，瑞士的手表行业就迎来了复苏，哈耶克的明智决断当然功不可没，受益于瑞士强大的制表业基础，斯沃琪在石英表市场上没有再给日本企业机会，腕表的年销售量达到2000余万块。

其实，发明一项新技术但因为故步自封差点把自己毁掉的案例，瑞士手表业不是第一个，更不是最后一个。柯达发明了数码相机，却坚守着胶卷相机，最终积重难返；诺基亚引领了智能手机，又不想彻底改革，亲手用犹豫不决埋葬了自己。只不过，瑞士手表业在崩溃边缘幸运地遇到了哈耶克，避免了被日本企业收购的命运，从而也就成了起死回生的成功商业范例。

实际上，真正拯救他们的也不是哈耶克，而是被他们曾经弃若敝屣的石英表技术。任何一项新技术的诞生，都会遭到原有技术阵营的抵制，而当旧技术就掌握在自己手中时，革自己的命才最需要勇气。

时至今日，手表的计时功能已经弱化，更多人注重的是其装饰性，机械表也重新开始风靡。不过，石英晶振技术却是越发普及了，如今几乎人手一部的手机，以及导航系统、遥控系统，其计时功能全都有赖于这一技术。

可见，当信息时代来临之际，我们人类的老朋友硅元素依然没有缺席，却像一把时间标尺一样，丈量着我们的分分秒秒，确保信息的准确性，也让我们有了更精确的记忆。

不过，信息社会光有个定时器还不够，信息如何传输是个更大的问题。

在工业时代，数据传播依靠的是铜线，作为电的良导体，它们将信号以每秒 30 万千米的速度传播到世界各地，而爱因斯坦的相对论告诉我们，这是可以实现的最快传播速度。

但电波也有不足。就像飞鸽传书相比于邮差而言，速度的优势是以牺牲信息量为代价的，频率较低的无线电波并不能携带太多内容。那么有没有保持这个速度还能增加信息量的做法呢？

工程师们很自然地就想到了光，同样是电磁波，同样具有无与伦比的超级高速，光的频率几乎是无线电波的一万倍，那么理论上讲，如果采用光作为传输介质，那么信息传播的效率也将大大提升。

可是哪里去寻找光的导体，让光线可以按照人的意志进行传播？这个问题困扰了科技界几十年的时间。

1966 年，华裔科学家高锟在经过多年的试验之后提出，将玻璃制成纤维，就可以让光线乖乖地按着确定的路线传播，只要玻璃的透明度足够高而损耗足够低，那么光通信就不再是个梦——硅元素似乎又将成为信息的传播者。

乍一听，这简直是异想天开，玻璃可是透明的，按常理想来，一束光射到玻璃上，就会从另一面穿出去，又怎么会顺着玻璃传播呢？

这就要说起玻璃的另一个特点了。当光束射到玻璃表面时，原本沿直线传播的光线会兵分两路，一条稍稍偏离了方向继续向前，而另一条则会被挡了回来，这也就是我们熟知的折射与反射现象。不过，折射并非是在任何情况下都能发生，根据折射定律，当光线入射的方向与玻璃表面之间的夹角足够小时，发生折射的那一支便消失了，光不再能穿过玻璃表面，而是全部被挡了回来，这也就是所谓的“全反射”现象。

高锟博士所提的光路设想，正是基于这一原理，将光束锁定在玻璃纤维中，实现信息输送。

不过，尽管原理看起来无懈可击，但在当时来说，这个想法还是让很多人为之震惊，认为不可行的还是占了多数，不过，也有人对此充满信心。英国邮政部雪中送炭，提供经费让高博士继续研究，而康宁（Corning）公司则在 1970 年正式推出了第一种可以实现信息传输的光导纤维，也就是人们通常所说的光纤。

仅仅发展了不到半个世纪，光纤技术就已经从不可能变成了廉价品，如今的光纤已进入寻常百姓家，并成为这个时代最具代表性的沟通技术。甚至在一些兜售小玩意儿的地摊上，你也能看到它们的身影，孩子们喜欢称其为满天星——远远望去，它就像是一株彩色的草，而近看就会发现，其实不过是一盏灯，灯光在底盘处打开后，顺着一条条玻璃纤丝透到表面，仿佛孔雀开屏一般，煞是迷人。尽管令人难以置信，但它们确实也是利用光纤技术。

当然，人们没有忘了高锟对这个时代的巨大贡献，他在2009年荣获了诺贝尔物理奖。不过，我们也不应该忘了还有另一位功臣，那就是实现光导传输的材料——二氧化硅，尤其要感谢其中的硅元素，因为它为信息时代做出的贡献还远不止这些。

可是我们说了这么久的硅元素，硅的本尊其实还都没有正式出场，而是一直都有氧元素伴其左右。但在信息时代来临之际，长期隐于幕后的单质硅终于露面，改变了整个世界。

前面曾经提到，硅原子在堆积的时候，总是以四面体的单元结合在一起，并可以无限延伸。不过在实际条件下，这样的堆积总是会因为各种缺陷而终止，因此如果直接通过化学反应生产单质硅，最容易得到的就是无定型的结构，而不像金刚石那样精巧，故而并没有特别有价值的性质。

如果调节结晶条件，使四面体结构能够延伸得更庞大一些，那么就可以得到硅的晶体，这样的硅晶就很有用了。如今，信息的传递经常需要有卫星的协助，而那些身居太空的卫星在进行工作时，没有更好的能量来源，只能取自于太阳。而从太阳能转变为电能，通常就需要晶体硅的协助。光子与晶体硅相互作用，激发出游离电子，再形成电流，整个过程即所谓的“光电效应”，正是有了这一效应，用光发电才成为一种可能。

随着石油煤炭这些化石能源的日渐枯竭以及对全球变暖的担忧，对太阳能的利用早已不局限在荒凉的太空轨道，地面上的光伏电站也正在快速发展，成为一种时尚的新能源体系。

尽管借光发电是晶体硅目前最大的应用领域，但这还不是它最风光的一件事。

晶体硅有两种类型。相对较低的结晶条件，得到的是多晶硅，顾名思义，一块晶体其实是由很多小晶体构成，因此并不是很完美。如果将多晶硅进行提纯，再辅以一些加工技术，就可以制作出尺寸较大的单晶硅了，目前的制造水平可将其纯度提升到令人匪夷所思的99.999 999 999%，换言之，1000亿个原子里只有一个杂质原子。一片单晶硅几乎可以看成是一块完整的晶体，它不仅仅可以用于太阳能发电，更是信息时代的心脏——制造计算机芯片的主要材料。

我们知道，计算机芯片是处理数据的核心组件，实现这一点，必然就需要有一种能够接受信号的器件。由于计算机的工作基础是二进制的数字信号，也就是只能识别1和0这两个数字，分别描述电压处于高电平或低电平的状态。那么先不谈计算机的运算原理，首先从硬件上讲，我们就需要解决一个首要问题，到底有什么材料可以来识别或控制这两种状态？单晶硅便是这个问题的其中一个答案。

对于电流而言，常规的材料要么是导体，要么就是绝缘体。如果我们把载有数据的电流想象成载有货物的水流，那么导体就如同江河，电流可以在其中自由顺行，而绝缘体就是山脉，电流也因此而阻隔。显然，这两种情况都是确切的状态，不能对数据进行处理。

如果，我们在江河之上建设一条大坝，那么情况又会怎样呢？显然，这条河不再能够自由通航，行船需要在大坝之处通过船闸，借此也可以对货物进行检查梳理。毫无疑问，我们需要在芯片里植入这样的元器件，它们就像船闸一样，控制着电流开关，而这种可以有条件地进行导电的材料就是半导体。

单晶硅是最为出色的半导体之一，半个世纪以来，计算机技术的发展成就了单晶硅的威名，而单晶硅生产技术的成熟也推动计算机逐渐普及，成为如今最重要的一种办公设备。

而这一切，全都有赖于硅的特殊性质才得以实现。

正如前文所述，硅原子的最外层有四个原子，在构成单晶硅结构时，每个硅原子都与另外四个硅原子形成共价作用，更形象一些说，就是每个硅原子都与另外四个伙伴共享核外电子，通过互通有无，每个硅原子都获得了最外层八电子的稳定结构。

很显然，如此结构的晶体，电子都在自己的岗位上忙碌着，在两个硅原子之间飞鸿传书、牵线搭桥，谁也没空去管外面电场的闲事，整块晶体也就没法进行导电了。因此从直观上看，单晶硅应该是一种绝缘体，就像它的弟兄金刚石那样。

不过事实上，如果外面的诱惑更大一些，比如说环境温度高一些，或者电势强度大一些，那么就有些电子开始三心二意了。它们不再只局限于两个原子之间，而是会出现离域的状况，宏观来说，本来绝缘的晶体便具有了导电性。

为了描述这个现象，电子活动受约束的区域被称为价带，而电子比较自由的区域则称为导带，从价带到导带之间，就需要电子实现“鲤鱼跳龙门”，跨越一段所谓的禁带。对于金刚石、单晶硅与晶体锗这三种结构相似的同胞三兄弟来说，禁带依次减小，金刚石很难跨越，通常只会以绝缘体的形式存在，而晶体锗则相对容易得多，稍不留神就会变成导体。

最早与计算机技术结缘的其实是锗晶体，1947 年世界上第一个锗晶体管在贝尔实验室诞生，而此前一年刚刚被发明出来的计算机，用的还是性能低下的电子管。不过，在实际使用过程中，锗晶体管就出现了不足之处，由于锗的禁带较窄，只要温度稍高一些就会成为导体，计算机便失去计算功能。而此时，晶体硅的加工技术恰好也达到了计算机的使用要求，因此锗晶体管计算机技术尚未成熟，就在 20 世纪 60 年代逐步被硅晶体管所替代了。

不过，单晶硅本身还不能实现运算，它需要再进行一次华丽的转身才可以，也就是所谓的“PN 结”。每一个 PN 结都好比一扇窗，而每一扇窗的开与闭，就是计算机运算的逻辑，这背后是因为 PN 结只能单向导电，这样就有了基本的输入与输出端，否则数据信号的传递便没了方向。

PN 结的实现，借助的正是硅的包容性。

与硅酸盐相仿，硅晶体中也可以掺杂一些在元素周期表上跟它做邻居的元素，比如氮、磷、硼、铝等，如果掺杂的是像磷这样的富电子元素，那么导带中就会多一些电子；反之，掺入硼这样的缺电子元素，价带中却会少一些电子，多出一些空穴。为了区分这些不同的半导体，前者被称为 N 型半导体，后者被称为 P 型半导体，至于晶体硅，则被称为 I 型半导体或本征半导体。而当 N 型与 P 型半导体相互接触之时，便出现了 PN 结，由于一边电子多而另一边电子少，电子流动的方向便有了“上下游”之分。

如果一个晶体管只有一个 PN 结，那么它就是二极管；如果有两个 PN 结，那么它便是三极管，有 PNP 和 NPN 两种类型。现代计算机其实就是由无数个微型三极管构成，微弱的电流在无数个 PN 结之间输送信号，形成一种特殊的电路，这便是微电子科技的基石。

说到这里，我们对硅元素探秘之旅，也差不多接近尾声了。从人类蒙昧时代一直到如今，它一直陪在我们左右，可谓是人类最亲密的挚友。

不过，随着信息时代科技的超速发展，有关“硅基生命”的讨论也在不断升级。2016 年，谷歌公司开发的 AlphaGo 围棋程序，首次在围棋领域战胜了世界顶尖高手，由此引发了一阵人工智能（Artificial Intelligence，AI）狂风。乐观主义者认为我们的计算机技术更上一层楼，但悲观主义者却看到了一丝恐惧，甚至就连科学泰斗霍金也在生前提出了警示。机器人时代或许即将来临，与人类携手发展了几万年的硅元素，是否会摇身一变，成为反噬人类的大敌，这几乎成了如今科学界的一大谜题，但就像人类每一次化解危机那样，钥匙还在自己手上，就仍然有解决问题的可能性。

毕竟，作为“碳基生命”，人类经过数亿年的演化，依旧保持着自己的优势，并建立了特有的社会形态，碳元素也成了我们生活中不可分割的一部分。欣赏完跨越数千年的元素记忆，下一章我们就不妨一起走进现代，看看属于我们自己的“高碳生活”。

第四章
高碳生活
／
High Carbon Life

合成是一门艺术。

—— 罗伯特·伯恩斯·伍德沃德

第一节

衣

1968 年 6 月 16 日，按照太阳运行的规律，北半球已经到了白天最长的一段日子了，而地处亚热带的上海也即将迎来一年中最难熬的酷热天气。

这天一大早，位于上海石门二路的“红缨”服装店排起了长龙，人们忍受着清晨的暑气，焦急地等待着服装店开门营业，最前面的顾客已经排了好几个小时。

当大门打开的一瞬间，队伍迅速地朝店内挤去，场面顿时失控了，队伍前方的人无力占住自己的位置，推搡之间已造成踩踏，而后方的人群对此却毫不知情，依旧潮水一般向柜台涌去。

于是，悲剧发生了。

拥挤当中，一名女教师的年华永远定格在了四十岁出头，此外，还有六人在这次事故中受伤。

当岁月流转到半个世纪后的今天，我们也许已经无法理解，这么多疯狂的消费者不顾一切冲进服装店，居然只是为了购买一件“的确良”的衣服。

对大多数人而言，的确良是一个渐行渐远的名词，只有父辈偶尔还会提起，但它一定会被载入史册，因为它曾是美好生活的代名词，几乎改变了两代中国人对时尚的认知。

20 世纪 50 年代，刚刚解放的新中国百废待兴，人民向往美好生活的心情，很大程度都寄托在身上所穿的衣裳之上——正所谓人靠衣装马靠鞍。这时候，国外流行起一种化学纤维的布料，像一股潮流之风，不经意之间便通过香港吹进了南粤地区。这是一种和棉毛麻丝截然不同的面料，光洁如丝的触感，不易褶皱的特性，使得穿它在身的人们总有一股特别的气质，更神奇的是，它还特别耐穿。然而，对于那时的中国人来说，这种新奇的面料甚至连个名字都没有，于是就想到了一个特别接地气的称呼——的确靓，其中的“靓”，是粤语中诠释“最佳”的字眼。

很快，的确靓又流传到了上海，接着走入全国各地，更为内敛的内地人利用谐音，将“靓”换成了“良”，于是，的确良正式与国人结缘。

的确良本是“二战”期间由英国科学家发明的一种聚合材料，学名叫作“聚对苯二甲酸乙二醇酯”，简称“聚酯”，很适合用作服装面料，因此英国人为此申请了专利。再后来，美国杜邦公司实现量产，以“Dacron”作为商品名开始销售，这也是粤语翻译的灵感之源。

合成聚酯的前提条件并不是特别困难，尤其是原料，不过是石油化工中的基础产品对苯二甲酸和乙二醇。但是对于那时的中国来说，连石油开采都举步维艰，更不要说用石油去加工什么产品了。所以，眼看着的确良刮起的世界性风潮，我们国人只有羡慕的份儿，身上却只能穿着那些满是补丁的棉布衣——当时，布料需要有“布票”才能购买，衣服穿破了也舍不得扔。

这样的情况持续了多年之后，从60年代初，我国就开始组织人员在上海研究的确良材料。因为技术与国外相差太多，研究人员只能直接从国外进口聚酯纤维，尝试将纤维加工成布料。这一步的工艺不算太复杂，相当于是将已经完成缫丝工艺的蚕丝加工成丝绸的过程，仅仅三个月之后，国产的确良面料便问世了。

然而，这些面料所用的纤维是由外汇采购而来，而在当时，中国依然是典型的农业国，可以用来换外汇的商品少之又少，因此外汇十分紧张。经由聚酯纤维生产出来的的确良面料是少数可以挣来外汇的工业品，因此，虽然令人不舍，但是精心加工而成的“的确良”，国人还是无缘享受，只能勒紧裤腰带，看着它们漂洋过海，再换来新的原料。

非常幸运的时候，也会有少量布料“出口转内销”，从而出现在上海街头的店铺，红缨服装店便是其中的一家。的确良不需要布票，只要有钱就可以购买，因此深受人们的追捧。1968 年那场不幸发生的前一天，服装店传出消息，有一批出口转内销的的确良到货，这才引得市民争相采购，谁曾想竟酿成悲剧。

这样的局面持续了数年之后，到了 60 年代末，研究人员更进一步，直接采购聚酯切片用于面料加工，这就好比是从蚕茧开始加工成丝绸，工艺虽然更复杂了，但是利润空间还是更高了一些。这时候，上海街头虽然还是需要等待“出口转内销”的商品，但是已经可以勉强做到稳定供货了。

1971 年 9 月 10 日傍晚，毛泽东主席南巡的专列抵达上海，由于特殊的政治形势，他这一次没有下车，而是在车上继续办公。次日中午，火车按照部署准备离开上海，可是车上的很多乘务员却不见了身影，直到快要开车的时候，这群乘务员才气喘吁吁地小跑着回到了车上。主席对此很不解，便问起他们的去向。乘务员们怯生生地答道，因为全国只有上海能够买到的确良，他们是利用上午的休息时间去买了点衣服与布料。

尽管差点误了大事，主席并没有因为此事发怒，反而沉默不语。新中国成立二十余年，国民的穿衣问题却未能妥善解决，服务于专列的年轻人尚且需要如此大费周章，那么一般老百姓穿衣难的问题也就可想而知了。此情此景，令他感到压力倍增，回到北京后，便同周恩来总理谈起建立化学纤维工厂的可行性。

其实，我国此时也并非是完全不能生产出化学纤维。

早在 1958 年，辽宁锦州化工厂就试产出了聚己内酰胺。这种材料还有另一个更响亮的名字叫作“尼龙”，是由美国杜邦公司发明出来的一种以强度著称的物质，非常适合用于制造绳索、袜子等用品。为了纪念这一纤维在锦州成功生产，尼龙-6 在中国的商品名便被冠以“锦纶”之称，其中的“纶”代表的就是纤维材料。

1963 年，我国又在万难之中筹建了北京维尼纶厂。维尼纶的学名叫作聚乙烯醇缩甲醛，具有很强的吸水性，性质与棉花非常相似，是又一种重要的合成纤维。此前两年，朝鲜在苏联的帮助之下，完成了本国内第一座维尼纶厂的建设并投产，一举解决了国内的布料紧缺问题，据说这间位于朝鲜第二大城市咸兴的“二八维尼纶厂”，可以满足他们 70% 国民穿衣所需，成为整个朝鲜为之骄傲的象征，这也极大地刺激了当时中国建厂的决心。相比于锦纶，维尼纶还有个优势，那就是可以由煤炭作为原料生产，对石油的依赖性比较小，规模可以迅速壮大。

为了生产出更优质的产品，北京维尼纶厂的建设者们调查了全世界的工业设备，发现日本当时拥有最先进的工艺。然而，受制于发达国家的封锁，要想引进设备，那可谓难上加难。最后，在民间力量的促成之下，北京维尼纶厂花巨资从日本购入全套设备，并由日方进行全程培训，最终在1965年实现了自主生产，试产期间，邓小平带着周总理的慰问亲临现场参观。后来，金日成访华时也参观了这间工厂，并与二八维尼纶厂进行比较，由衷地赞叹中国在这一产品上的先进性。

就在毛泽东主席南巡的同时，西部的兰州还在建设着另一种纤维——腈纶的生产基地。腈纶柔软蓬松，保暖性好，有着“人造羊毛”的美誉，因主要原料是丙烯腈而得名。和维尼纶一样，腈纶的生产也不一定要完全依赖石油。

但是，20世纪70年代初的中国，是一个需要满足8亿多人生活所需的国家，已有的这些化学纤维工厂，对于如此庞大的人口规模而言，可以说是杯水车薪。更何况，在所有用于服装的化学纤维中，聚酯纤维是规模最大也是最重要的一种，不能国产化始终是个遗憾。并且经过多年的勘探，此时的石油原料已经能够满足生产所需。但事实上，当时却只有上海街头能给走在时尚前沿的年轻人些许的慰藉。

同样是主席南巡这一年，年轻人如果想要穿上一身的确良，还有了一条更诱人的途径，那就是应征入伍。1965年，我国部队迎来了一次全面的换装，也就是至今仍被很多人念念不忘的六五式军装。这套军装的设计参考了红军时代的制服，整体比较简单，忽略了很多实际功能，因而在一些军事活动中非常不便。1971年，为了解决相应的问题，六五式军装进行了改进，将原本的棉布更换为以的确良为主、并与纯棉与锦纶混纺的材料。于是，为了一身帅气的军绿色的确良，很多年轻人在当时选择成为军人或军属。

不过，军服做出这样的改变，对于中央领导人而言无疑是一项需要重点权衡利弊的选择题——如果不能从初级原料开始生产面料，那么军服的改革只会使得普通百姓的穿衣困境更加艰难。

1971年，“的确良”成为一件举国关心的大事。

一年后的12月25日，来自上海金山的21,000名民工，扛着各类工具来到了位于沪浙交界的金山卫，他们的目标是要在这片海滩上打赢一场人民战争——搭建围堤。

在松软的海滩之上搭建围堤，需要的不仅仅是技巧，更需要勇气。指挥所丝毫不敢懈怠，仅用一天的时间就做好了通电通水的准备，到了27日，利用两次潮水之间的八个小

图 4–1　1970 年美国广告中的 Dacron 即“的确良”

时间隙，硬生生地抢筑了一条拦海的小堤；又过了四天，更是建成了一座标高 5.5 米，长 8.2 千米的围堤。

如此兴师动众，为的是在海岸上盖出一座工厂，也就是后来的金山石化，当时的名字叫“上海石油化工总厂”。十个月前，毛泽东与周恩来共同批准了四座石化工厂的建设，分别位于辽宁辽阳、重庆（重庆在当时隶属于四川，因而建成的工厂叫作四川维尼纶厂，业内通常称其为“川维厂”）、天津和上海，其中，金山项目一马当先，计划每年生产 10 万吨的确良，另有一部分维尼纶、腈纶产品，肩负着让全国人民穿好衣服的重任。

此时，的确良的名字依然很响亮，因为穿在身上有凉爽的感觉，很多人便以讹传讹，在民间又有了“的确凉”的雅号。不过，不管是的确靓、的确良还是的确凉，用作工业品的名称还是有些不合时宜，于是在经过讨论之后，这种材料的商品名被正式确定为“涤纶”，与锦纶、维尼纶、腈纶一起，被合称为“四纶”。

万事俱备，只欠东风，金山卫的工地上虽是一片热火朝天，但是涤纶生产线的落成，还需要满足一条至关重要的条件，那就是技术与设备。

过去，国人只是实现了来料加工，然而以石油为原料开始生产涤纶，就如同是从种桑养蚕开始生产出丝绸——这其中的难度可想而知，否则欧洲人也就不用依赖古代丝绸之路长达一千多年了。

所以，如果自主研发技术并设计装置，那必将会是漫长的过程。幸运的是，此前中国与西方发达国家的关系已经出现了破冰的迹象，于是在1972年1月22日，一份《关于进口成套化纤、化肥技术设备的报告》被送到了最高领袖的办公桌上，相关专家提议向这些发达国家进口整套设备，从头至尾学习工艺流程，合计预算4亿美元。

这份报告改变了中国。

半个月后，美国总统尼克松访华。

自尼克松访华后，中国向美国、西德、荷兰等国进口设备的政治障碍全部被扫清，专家团队于3月初即奔赴国外寻找心仪的设备。经过调查发现，国外各行各业的技术都远超我国，最初的进口方案已经无法满足要求，必须升级，到1973年1月时，方案已经从化纤、化肥等领域扩充到冶金、纺织等各大工业领域，合计26个大项目，预算更是从4亿美元提升到了43亿美元，这便是后来通称的“四三方案”，实际投资经追加后达到了51.9亿美元，这对于当时的经济水平来说，可以说是天文数字。

四三方案的重头戏还是化纤，而化纤行业的标杆则是金山项目。

当金山卫的围堤建成之时，生产涤纶所用的技术与设备，其实还尚未与国外厂商谈妥。

虽然困难重重，可是在这个时候，已经没有什么可以阻挡国人对于国产涤纶的期盼了。1974 年 7 月，涤纶厂开工建设，三年后建成。

遗憾的是，当初批准圈阅报告的两位领导人，都没有能够亲眼看到我们自己以石油为原料生产出来的“的确良”。

国产化之后，“的确良”迅速普及，声望也变得大不如昔，不再是彰显身份的奢侈品，人们更愿意用中国的商品名“涤纶”去称呼它，到了如今，更是习惯称其为“聚酯纤维”。当然，从品质上看，经过四十年的发展，比起当初的的确良，如今市面上聚酯纤维的品质又有了质的飞越。

变化的不仅是品质，自打中国第一根国产涤纶长丝在上海诞生以来，涤纶产业由此起步，产业规模的增长一发不可收拾。到 2017 年，我国的涤纶产业占全世界的比例已经达到 60% 之多，并且依然还在增长之中。

除了涤纶之外，四纶中的另外三位成员——锦纶、腈纶与维尼纶，以及丙纶、氨纶、芳纶等新型纤维的生产，我国也已经有了长足的发展。如今，人们再回首当年排队购买的确良的场景，已是恍若隔世一般。

化学纤维的普及，也给国人带来一个新的烦恼：曾经穿惯了棉麻毛丝这类天然纤维，如今穿着这些人造纤维，总感觉像是背叛了自己的皮肤。我们是否还能返璞回真，回到那个“纯天然”的年代呢？

这恐怕并不现实。

天然纤维，或来自于植物，或来自于动物，它们共同的特征就是需要占用大量的土地进行生产。如果土地全都用于生长这些原料，或许能够满足穿衣的需求，然而温饱问题的另一极——吃饭问题，便会受到严重威胁。

所以，这个问题并不是一道选择题，要想保障食品的来源稳定，使用更多化学纤维替代天然纤维，是一个必然的趋势。

更何况，化学纤维并不比天然纤维的性能差。

从化学结构上看，不管是何种纤维，它们都属于同一类物质，也就是由碳原子构建的有机高分子。

在元素周期表中，碳排在第 2 行、第 14 列，用行话来讲，属于第二周期第四主族。最常规的碳原子，其原子核含有 6 个质子和 6 个电子，相对原子质量是 12，故而被称为碳 -12。对于现代化学体系而言，碳 -12 就如同一枚砝码，定义了相对原子质量。

相对原子质量，顾名思义，就是原子质量的相对值。既然是相对，那么就需要有一个参考的标线，而这个标线便是碳 –12 原子质量的十二分之一。换句话说，这是定义了碳 –12 的相对原子质量为 12，其他原子的相对原子质量，都需要根据碳 –12 的质量计算，甚至连质子、中子、电子这些粒子都不例外。

碳元素并不是地球上含量最多的元素，甚至连前十都排不上，之所以还会成为“标杆”，是因为它特殊的化学性质。

在碳原子核的外面，有 6 个电子，其中 4 个可以参与化学键的形成，这一点和硅原子一样，所以它们才被分配在了周期表的同一列，属于同主族元素。

外围拥有 4 个成键电子，使得碳原子最多可以同时和 4 个原子接触，这就大大增加了碳原子构成分子的复杂性。更重要的是，碳原子之间也可以互相连接，这一点却与硅原子有着本质区别。

的确，硅与硅之间也可以连接，甚至构成类似于金刚石的单晶硅结构，接近于一个无限的网络结构；但是，在有其他原子参与的时候，硅就很难保持这样的特点了。这是因为，硅的原子直径远大于碳原子，两个硅原子之间的结合力，远不及碳原子，稳定性也就大打折扣。打个比方，碳原子就好比是橘子，而硅原子则如同西瓜，用胶水把两个橘子粘到一起，显然比粘连两个西瓜更牢靠。正如我们在《硅的记忆》中所提到的，硅需要氧的帮助。

因为独特的化学性质，碳原子可以构建出丰富而又稳定的各类分子，既有线状的，也有环状的，还有更复杂的树枝状、梳子状乃至球状，千奇百怪、种类繁多。为了方便研究，科学家们将含有碳的物质称为有机物，不含碳的则是无机物，极少数如二氧化碳之类的含碳分子也归属于无机物。迄今为止，含碳的有机物分子已经超过一亿种，而其他一百多种元素构成的无机物分子却不过十余万种。

不仅如此，碳原子构成的骨架几乎可以无限增长，形成巨型有机物，分子中原子的数目成百上千，乃至数万之多，它们的特性相比于小型分子而言，有着本质的区别。因此，它们也有了属于自己的名称，也就是“高分子”。

自古以来，用于衣服的材料几乎都是由高分子材料构成，能够做到完全不使用的，大概也就只有欧洲曾经流行过的锁子甲。

不妨细数一下：

原始人最初使用树皮和树叶作为衣物，这些都是生物制品，其中的主要成分有纤维素、半纤维素和木质素，前两者均是高分子材料。

早期文明的人们，能够将兽皮制作成衣服，而兽皮则是以胶原蛋白为主的一类材料，也是高分子。

古人喜爱的棉和麻，它们的主要成分都是纤维素。

还有作为奢侈品的丝与毛，主要成分则是蛋白质。

没有例外，能够用于制作衣物的都是高分子材料。其中除了皮革以外，剩下的便是我们熟知的天然纤维。

这并非偶然现象。

高分子相比于普通分子来说，不只是分子的体形变得更大，相互之间的作用力也变得更复杂。这个道理其实非常简单，比方说，头发很短的时候，通常不容易乱，要是头发很长，睡一觉醒来，或是洗完头准备吹干的时候，很可能就会缠到一起了。

不仅如此，头发短的时候，可以扎出冲天辫，直溜溜地显得很刚硬，而长头发梳出来的辫子看似柔软却充满韧性。

所以不难想象，高分子的韧性会远远高于一般的物质，所以用它们来做服装，当然是再合适不过了。

于是，当人类有能力利用简单物质合成高分子的时候，追求纤维材料的脚步也从没有停止过，令人称奇的是，合成纤维在一些方面反而更有优势。

多年以前，高档的袜子都是由天然丝纺织而成，备受美国人喜爱。然而第二次世界大战风云骤起，美国的丝织品进

图 4–2 “二战”期间在腿上画丝袜的淑女，图片源自 Fox PHOTOS–GETTY

口受限，爱美的女性已经很难再买到丝袜，只能采取替代方案：刮去腿毛，在腿上刷上一种涂料，这样看上去就和穿了丝袜一样。

在这样商品紧俏的时机，有人却发现了一大商机。1939年，杜邦公司做了一次营销，售卖的丝袜没有使用天然的蚕丝，而是采用了一种人造纤维——尼龙 66，这是哈佛大学科学家华莱士·卡罗瑟斯（Wallace Hume Carothers）在两年前无意间发现的一种高分子材料。出乎意料的是，这次营销的效果名利双收，不仅 4000 双尼龙丝袜在 3 个小时内销售一空，而且穿过的女性再也不愿意去穿天然丝袜了。自此，每当尼龙丝袜上市的时候，美国人民总是排起长队去购买，一如后来中国人对的确良的着迷。

尼龙丝袜战胜传统蚕丝袜的原因，说起来其实很简单，就是因为它的强度大、耐磨性好，同时还有着与天然丝制品类似的肤感。人们形容它“如蛛丝一样细，如钢丝一样强，如绢丝一样滑”。几年后，丝袜中就再也不含“丝”了。

时至今日，天然纤维虽然还是服装的主要材料之一，发展势头却大不如化纤。除了土地受限以外，更重要的还是性能受限。无论是冬暖夏凉、贴身感受，抑或是透气、爽滑，都可以通过改变分子结构，使得合成材料具有这样的特性。甚至就连防弹衣这样的军事装备，如今也不再像当年的锁子甲那样以金属为主，而是采用了诸如超高分子量聚乙烯之类的特种纤维。

更不要说，人造纤维还有一条重要的特性：不会引起过敏。丝绸与毛纺虽然高档，但都是天然蛋白质构成的材料，即便经过了多次处理，也依然不能避免一部分人对其过敏，而人造材料却不存在这样的问题。

总之，不管是否乐意，我们的生活已经被人造有机物包围，而穿衣问题，不过只是其中一部分。

第二节
食

1879年的一个晚上，家住在美国马里兰州巴尔的摩市的康斯坦丁·法利德别尔格（Constantin Fahlberg）正在和妻子享用着晚餐。他是约翰·霍普金斯大学的一位化学研究员，从俄国远涉重洋，来到这所成立不久的大学任职。伊拉·雷姆森（Ira Remsen）的实验室接纳了他，主要研究煤焦油的衍生物。

这一顿晚餐有些不寻常，不仅因为他的妻子特地烤了牛排，更是因为，这道牛排吃起来有点甜。

不用说，甜味的牛排并不好吃，法利德别尔格虽然对食物并不讲究，但还是忍不住问了起来：这牛排怎么加糖了？

妻子正吃得津津有味，听他这么一问也感到很纳闷，心说丈夫的味觉莫不是出了什么问题？

经历了常年的科研训练，法利德别尔格认为这不是错觉，便开始寻找起甜味的来源。很快，他得出结论，凡是被他的手沾染过的食物都是甜的——之所以牛排会是甜的，是因为他不用餐具，眼前的牛排倒不如说是一盘手抓肉。

可是，手上的甜味又是从何而来呢？他猛地想起，自己下班从实验室回家，没有洗手就开始吃起了晚餐，那么这些甜味怕不是某种实验品的味道？基于这样的猜想，他又取出自己常用的笔，如果甜味确实来自于化学实验室，那么这杆笔应该也是甜味的。他大胆地尝了一下，证实了自己的想法。

这一发现令他感到十分高兴，因为这种物质的甜度远远高于平时所食用的糖。次日，他又在实验室查找源头，很快便锁定了他前一天从煤焦油里合成的一种物质，学名叫作邻苯甲酰磺酰亚胺钠，后来，它还有个更响亮的名字，叫作糖精钠。

以上这段故事，是法利德别尔格在发现糖精钠之后，时不时会和朋友们谈起的经历。由于年代久远，故事里的细节早已无从考证，甚至连真假也未可知。化学实验室中的剧毒物十分常见，因此一般操作人员都有较好的卫生习惯，做完实验不洗手已是大忌，更别说还用这双脏手直接吃东西了。于是，法利德别尔格便成为反面教材，他的名字成了实验室操作规程里的常客。不过，对于糖精钠，这段身世或许只是一段插曲，重要的是，它的诞生为人类开启了一扇大门。

法利德别尔格与同事雷姆森很快便宣布了糖精钠突出的甜味特征，并为此申请了专利，而这款产品引起的轰动，可以说是令人始料未及。为了满足人们的需求，仅仅七年后，法利德别尔格便开办了一家工厂，专门生产糖精钠。

而糖精钠之所以受欢迎，原因只有一个，那就是人类喜爱甜味的本能。

自然界的甜味食物虽然很多，可品种主要局限于水果和少部分蔬菜。比起其他哺乳动物，包括人类在内的灵长目动物是幸运的，能够很轻松地辨识出红色与绿色，也就可以更容易地采集成熟水果，从而适应了在树上的生活。

成熟的水果中，通常含有较多的糖分，这对于生命而言是一类至关重要的物质，因为它们能够提供生命活动所需要的能量。很多灵长动物几乎只靠水果生存，人类的祖先也不例外，所以，喜欢甜味早已刻在了我们的基因中。

水果中的糖各有区别，有的富含果糖，有的富含蔗糖，但是真正在身体中起作用的却是葡萄糖，因葡萄中含量较大而得名。在人体内，果糖与蔗糖很容易在酶的作用下转化为葡萄糖，其他绝大多数动物和微生物赖以生存的糖也都是葡萄糖。但不管什么糖，从结构上看都是以碳元素作为骨架的分子。

自然界中葡萄糖的来源并不稀奇。

地球上绝大多数植物都能完成光合作用——叶片中的叶绿体就如同暖房一般，吸收太阳中的能量，二氧化碳与水便在此发生了奇妙的转变，经过一系列化学反应，最终形成葡萄糖。

但是，自然界的小气也是出了名的。

植物合成出来的葡萄糖，就如同铸币厂里生产出来的货币，是生物界能量交换的基础。可是，植物并不是太想把这些货币换出去，它们生产出大量的葡萄糖，首先是转化为自身需要的物质，剩下的部分才会以葡萄糖等形式存在，这也就是甜味食物稀少的原因。

葡萄糖是个善变的分子。根据有机物的一般规律，费歇尔（Emil Fisher）等化学家最初将葡萄糖的分子结构解释为链状。然而在真实世界中，链状的葡萄糖并不多见，它更喜欢蜷缩起来，由五个碳原子和一个氧原子构成一个六边形的环。但这个环也不是葡萄糖分子的终点，它还可以互相连接在一起，并由此构成高分子，这就赋予葡萄糖更多的价值。

葡萄糖串联而成的高分子品种繁多。对于植物而言，最重要的莫过于纤维素和淀粉这两类。

纤维素是构成细胞壁的主要成分，可以说是植物的骨架，坚韧耐水，因此有些富含纤维素的植物被用于纺织衣物。然而，如果作为食物，它的营养价值却算不得太高，因为能够消化纤维素的生物实在是太少了。

有一些微生物具有消化纤维素的能力，纤维素被摄入后会发生一系列转化，最终形成一个个葡萄糖分子，进一步参与代谢提供能量。诸如马、牛、羊这类动物，它们的胃里寄居了这些微生物，所以，借助于反刍作用，它们只吃树叶或是草料便可以生长。

可是人类却没有这个本领——对于人类的肠胃来说，纤维素无非是增加了食物的体积。从营养学的角度来说，它们也并非一无是处：纤维素虽然不容易被水分解，但是却很善于吸水，肠道中若是有了它们，粪便也不容易变得干燥。更重要的是，虽然人类不具有反刍的功能，但是肠道中还是生存着很多细菌，它们定植在此处，总数量甚至超过人体自身的细胞数。肠道细菌的种类非常多样，人类迄今为止也不过识别出了其中几千种，而这其中有不少就是常说的“益生菌”。益生菌群的健康与否，直接影响到一个人的身体状态，纤维素对它们而言，则是不可或缺的乐园。

然而人类终究还是不能依靠纤维素活着，随着人口的不断增长，高糖的水果不再够吃，要想填补能量缺口就不得不考虑淀粉，也就是由葡萄糖构成的另一种高分子。

从结构上看，纤维素与淀粉非常相像，唯一的区别就在于连接的形式。打个比方，纤维素的葡萄糖之间如同打了死结，一般的生物根本无力解开，而淀粉却是打的活结，即使放在水中也会缓慢分解。对于人类来说，如果说葡萄糖是能量货币，那么淀粉就如同是能量支票。消化道中遍布的淀粉酶，可以快速地将淀粉拆成麦芽糖，随后，麦芽糖再分解成两个葡萄糖，从支票到货币的兑换便成功了。

不耐水的特点，使得淀粉不可能像纤维素那样负责构建“骨架”，可它却承担着另一项重要的功能。植物没有移动觅食的能力，要想度过“青黄不接”的年代，只能依靠自己预先储存的能量，而淀粉就是在光合作用旺盛之时攒下的“余粮”。

既然是植物应对饥荒的余粮，那么如果人类贸然将它们作为食物，就会面临杀鸡取卵的境地，植物的繁殖也会受到影响。于是，人类在近万年前建立起原始的农耕文明，挑选了诸如水稻、小麦、玉米等淀粉含量较为可观的植物作为庄稼，秋收冬藏，从而克服了人类文明史上第一次食物危机。

种植淀粉食物相比于采集水果，收益显然要大得多，它们的水分含量更少，同样体积的食材能量更多，而且不容易腐烂，方便储存。尽管如此，人类忘不了的还是树梢的那一丝甜味，刺激味蕾的同时，带来的是深入骨髓的享受，就连脑中主掌快乐的多巴胺，分泌得都比平时更欢快一些。

这种特征更多地体现在人类对食物的偏好之上。

根据观察，一个人的味觉偏好需要在成长到一定年龄之后才会建立，也就是说，小孩子对食物味道的喜好，通常出于本能。人类有五种基本味觉，其中酸、甜、苦、咸早已得到公认，但最后一种究竟是刺激性的“辛”还是由日本科学家主张的“鲜”，尚有一些争议。然而不管是何种分类，唯一会令婴幼儿割舍不下的味道都是甜，由此不难看出甜味对于人类的意义。

所以，在淀粉类主食已经可以满足日常所需的时候，人类还是会对甜食欲罢不能。我国也不例外，早在先秦时期，建立起农耕文明的先民们就已经在甜食方面进行了大量探索。

最好的甜味食物当然还是水果，但是只有加工成果干或者果脯才能长期保存，先民们也的确开发了不少这样的产品，很多传统食物甚至一直流传至今，比如柿饼、杏干等。可这些食物只能充当零嘴，寥解馋意，要想稳稳当当地吃上甜食，还得另辟蹊径。

不断地探索之后，一种动物产品被发现了，那就是蜂蜜。这种食物表面上看是蜜蜂的分泌物，但它最初的来源还是植物的花蜜，蜜蜂只是对其进行了收集，用作蜂群的食物。都知道蜜蜂会蜇人，严重的时候甚至还会导致死亡，可是为了这一口美食，人们还是“蜂”口夺食，甚至还驯化了一些蜜蜂品种，专门用于产蜜。

蜂蜜通常含有80%～85%的糖分，主要有蔗糖、果糖、葡萄糖，以及由少量果糖和葡萄糖结合而成的糖浆，剩余部分主要是水。如此之高的含糖量，使得蜂蜜具有很高的渗透压，微生物在其中难以存活。可以说，蜂蜜就是一种天然存在的甜味剂，最大程度满足了人类对甜味的贪恋。

不过对于古人而言，蜂蜜依然是难得的奢侈品。东汉末年，淮南袁术僭越称帝，遭到曹操等势力的合围，兵败之后一病不起，只好撤回寿春。病重期间，袁术想喝点蜂蜜水，然而曾经威震一方的他，生前最后的这个小要求并没有被满足。《三国演义》对这段典故进行了再加工，说袁术兵败，弹尽粮绝，问御厨要蜂蜜水喝，厨师愤怒地拒绝：“止有血水，安有蜜水！”于是袁术气得吐血身亡。

不管是晋代的史书记载还是明代的小说家言，在讲述这段故事的时候都默认了一个常识：蜂蜜不是寻常食物。

相比之下，古人发明的另一种“人工”甜味剂就要亲民多了，那便是流传了约三千年之久的“饴糖”。所谓饴糖，科学来说是一种不太纯净的麦芽糖，也就是淀粉水解之后的产物。

淀粉是植物储能的重要形式，谷物种子尤其如此。当这些种子发芽的时候，淀粉酶就会发挥作用，麦芽糖便是在这个时候产生的。不难想象，古代人在保存种子的时候，难免会因为条件不善导致种子发芽，芽苗则被称之为“蘖”（bò）。粮食紧缺，蘖也不可能被丢弃，而人们却惊喜地发现，蘖居然是甜的。

有了这一经验之后，嗜甜的古代人干脆有意识地从蘖当中提取糖分，由此便得到了饴糖。其实，历史上“糖”这个字出现的时间要远远晚于“饴”，汉代的《说文解字》都还没有收录，所以说，“饴”才是中国最早的“糖”。

随着小麦从西域引进中国，饴糖的主要原料被确立为麦芽，这才有了“麦芽糖”的称呼。不过，其他谷物并没有就此被抛弃，比如糯米就常被用于制作甜酒，其原理也是在酒酵母中混入了一些淀粉酶，于是酿出的酒便有了甜味。

麦芽糖的获取难度并不高，但是用作烹饪的甜味剂却还是难以满足要求。一方面，它不是结晶态的固体，而是黏稠得如面团一般，很难取用；另一方面，它的甜度也不太高，不过是将就而已。

大约在南北朝时期，蔗糖作为一种新型的甜味剂在中国出现了。顾名思义，蔗糖是取自于甘蔗的一种糖。它一举克服了麦芽糖的两个缺点，不仅可以从甘蔗汁中结晶出来，得到与沙子形态相仿的砂糖，并且它的甜度也要高出不少，常温下大约是麦芽糖的 2.2 倍。

甘蔗只能在较热的南方地区生长，也就是现在的两广和福建地区，而蔗糖也就只能在这些地方生产，《天工开物》曾如此描述："产繁闽广间，他方合并得其十一而已"。而中国的政治文化中心长期偏重于北方，所以蔗糖生长技术并没有得到推广，甚至连早期的记载都不是十分明确。横向来看，古印度在制糖方面的技艺最为卓越，产出的砂糖不仅远销欧洲，也通过西域经由丝绸之路流向中国。到了贞观二十一年，唐太宗甚至还专门派使者前往天竺学习熬糖之法，今日史学家考证，认为此事发生在贞观十七年，唐太宗遣李义表作为使节前往印度，学习熬糖法是出使任务之一。也正是因为有了这一典故，后世的人们一度怀疑中国本土是否发明过蔗糖的生产方法。

不管怎么说，最晚到唐朝时期，中国人已经能够以甘蔗为原料生产蔗糖了，但它和蜂蜜一样属于奢侈品。本国生产的砂糖，色味要比舶来品差了许多，仍然不是普通百姓可以随便食用的，至于"西蕃胡国"出产的白糖与冰糖，更是“中国贵之”。

放眼古代全球，蔗糖的身价都颇为不菲，即便如此，中西各国还是对此趋之若鹜。蒙古帝国崩溃之后，欧洲从亚洲进口货物的路径受阻，便开展了海上贸易，白糖也是重要的采购目标之一。而在加勒比群岛被发现之后，欧洲人发现此地居然也是甘蔗的适宜种植地，于是就在此开辟了大量种植园，并从非洲输送黑奴作为甘蔗种植的苦力。是时，白糖的产量有所提升，加糖的红茶成为风靡欧洲的贵族饮品；至于经济条件一般的平民，虽然喝不起茶，却可以用蔗糖改善奶制品和面包的口感。尤其是蔗糖经过烘焙之后，自身既可以发生焦糖化反应，又可以和蛋白质之间发生非酶褐变反应，这样就会使食物产生独特的香气，很多欧式点心的奥秘就在于此。客观地说，白糖的普及大大提升了欧洲的烹饪水平。

蔗糖虽然可以带来美食与幸福感，却也诱发了一大烦恼。长期吃甜食，使得欧洲贵族阶级普遍出现龋齿现象。不曾想，这种疾病在底层人民看来却是一种时尚，他们纷纷将自己的牙齿涂黑，伪装成龋齿的模样。

到了18世纪，白糖已经和茶、咖啡及烟草等嗜好品齐名，成为全球贸易网络中的抢手货。拿破仑横扫欧洲之时，军队中用于提升士气的主要军需品就是蔗糖。控制着大西洋航线

图 4–3　17—18 世纪出现在中美洲的甘蔗种植园

的英帝国发现了这个命门之后，切断了加勒比地区和欧洲大陆的白糖贸易，使得欧洲大陆的糖价猛增，拿破仑治军的独门秘籍面临崩溃的局面。

所幸的是，在征服普鲁士的时候，拿破仑获悉，普鲁士化学家安得利亚斯·马格拉夫（Andreas Sigismund Marggraf）开发了一种工艺，可以用酒精从甜菜根中获取蔗糖。于是拿破仑下令，在西里西亚重启了以甜菜根为原料的蔗糖加工厂，并迅速在各地扩张。

然而，让拿破仑始料未及的是，甜菜和甘蔗相反，适合在低温地区生长。甜菜根可以提取蔗糖的消息不胫而走，于是法兰西帝国的宿敌俄国摇身一变，从“贫糖国”变成了“富糖国”。曾几何时，拿破仑的军队也曾向俄国人炫耀自己的后勤，现在，他们却不得不吞下这颗有如报应一般的苦果。

除了对欧洲各国国力的影响，甜菜资源的利用还催生了另一个趋势，那就是对甘蔗种植园的依赖减轻。白糖虽美，可它却是一种带血的食物，为了让英法帝国的人们能够喝上甜蜜的下午茶，美洲甘蔗园里的奴隶却在生不如死地劳作。曾有过统计，每生产 1 磅白糖，就会有 2 盎司的“人肉”消失，换句话说，一名奴隶的生命，不过只能换来大约 600 千克的白糖，这实在是过于残忍了。19 世纪起，禁止奴隶制度的呼声一浪高过一浪，新的白糖来源为此又增加了一块合理的砝码。

正如多米诺骨牌一样，“废奴”这把火很快烧到了北美洲。新生的美国很快就在蓄奴与否的问题上出现了分化，并且由于加勒比地区奴隶的减少，作为重要进口物资的白糖也不再丰富了。最终，在林肯总统的指挥下，美国人用枪炮宣布了蓄奴制度的废止。与此同时，如何才能像他们的欧洲祖先那样，优雅地喝上甜味饮料，变成了重要的生活议题。

这便是法利德别尔格发现糖精钠时的社会背景。由于糖精钠的甜度高达蔗糖的数百倍，所以原本如果需要添加一勺糖，用糖精钠只要一粒就够了，而糖精钠的原料是煤焦油，单价不会高出白糖太多。因此，有了糖精钠之后，即使是底层居民，对于甜味食物的遐想也不再是只能在梦中舔舔嘴唇。

更重要的是，糖精钠是真正意义上的“人造”甜味剂，它不需要依靠其他生物，所以蜜蜂、谷物种子、甘蔗以及甜菜所面临的各种局限，它都不存在，只要有合适的设备，在任何地方、任何时间，都可以生产出糖精钠。

自此之后，糖精钠的命运便和人类文明绑定在一起了。它的出现，让人类明白了一个道理，味觉上的幸福原来也可以靠自己的双手去获得——甜味并不只是糖的专利。

令人不解的是，糖精钠的甜味究竟是如何产生的呢？

多年以来，生物学家一直以为，舌苔上的味蕾分为不同的区域，每种区域分布着不同的味觉神经，有的区域对甜味敏感，有的则是对酸味敏感。直到最近，味觉的奥秘才越来越多地被人类所了解。事实上，无论是舌头哪个区域的味蕾，都能识别出不同的味道，这个过程的本质是蛋白质与一些化学物质之间发生了反应，有些蛋白质可以和糖结合，于是大脑就能感知到甜味，有些可以作为钠离子的通道，大脑对此的判断就成了咸味。人体中有三百多种不同的味觉细胞，五味所指的不过是最为通用的五种味道。至于平时常常被提起的“辣味”，其实并没有通过味蕾，而是通过主管痛觉的三叉神经形成，所以并不属于味觉。理论上说，人类的大脑无法真正区分舌头是被辣到了还是被烫到了。

由此看来，要想感知到甜味，糖的存在并非是必须的，只要有化学分子可以与主管甜味的蛋白质结合，那么味觉神经就会出现误判，而人类则会感觉跟吃了蜜一样甜，糖精钠就是因此提供了甜味。

既然如此，甜味剂就一定不会只有糖精钠这一种。不过，此前因为原理不明，所以甜味剂的发现过程更像是一个个独立的偶然事件。比如美国伊利诺伊大学的一名学生在 1937 年发现了甜蜜素，它的学名叫环己基氨基磺酸钠，甜度大约是蔗糖的 40 倍，并且味道比糖精钠更纯正，然而发现它的过程同样是因为违反操作规程。这名学生习惯于在实验室抽烟，手上沾染的甜蜜素让他感觉到了一丝甜味，于是他便“成功”了。

随着人类获取能量的难度不断降低，高血糖、肥胖等问题也成了主流的社会疾病。于是，无糖可乐、无糖饼干，还有各种无糖食品开始大行其道。之所以这些无糖的食物还能让人感到甜味，所依靠的不过就是这些人造甜味剂。相比于蔗糖或其他生物来源的糖，它们不会造成血糖的升高，也不用担心会产生过多能量而发胖。

然而，滥用人造甜味剂的隐患，我们至今还无法彻底验明。糖精钠自诞生之后，便是最受欢迎的甜味剂之一，但是自1958年后，它的安全性屡次遭到质疑，部分科学研究显示，食品中添加糖精钠，很可能导致膀胱癌。几十年来，围绕着这一问题，学者们开展了不同方向的研究，依然无法将它可能造成的危险排除，只能制定法案，确定适合的添加用量。

如今，像糖精钠、甜蜜素这样的人造有机物已经重新塑造了现代食品工业，除了甜味剂，还有很多其他的食品添加剂，比如防腐剂苯甲酸钠、增鲜剂谷氨酸钠、人造奶油氢化植物油，等等。

众所周知，人类和所有地球生物一样，都是所谓的碳基生命，因此需要“高碳”的食物为人体提供能量与营养，这并不奇怪。然而，除了食材本身，加工与保存手段也很重要，这就催生了食品添加剂的应用，是它们让我们的生活变得更美好。

但事情总是有两面性。目前，全世界共有约 15,000 种食品添加剂，它们大多是含碳的有机物，这也让我们的高碳饮食被赋予了另一层含义。滥用食品添加剂引发的争议，也成了如今被广泛关注的话题，糖精钠只是其中一个。

我们并没有足够的把握去无条件信任人造有机物，因为在过去的岁月里，它们确实给人类带来了苦难。

第三节
住

> 石子路面上积了厚厚的一层烂泥，黑沉沉的雾气笼罩着街道，雨点忽忽悠悠地飘落下来，什么东西摸上去都是冷冰冰、黏乎乎的。

这是出自狄更斯所著小说《雾都孤儿》中的一段场景，描写的是雾都伦敦的夜晚。烂泥、雾气，还有因为下雨造成的“黏乎乎”质感，处处都透露着一股令人厌烦的气息。

伦敦并不总是这样。

狄更斯深谙英国历史，他在《英国简史》里描绘的古代伦敦还很利落。然而他所生活的年代，正是工业革命在英国开展得如火如荼的时期。那时候，伦敦市内厂房林立、烟囱入云，就像一个个钢铁巨兽一般，向空气中排放着各种废弃物。

想象这样的场景并不容易，不过我们可以借助一种昆虫管中窥豹。

当时，伦敦地区经常可以看到一种灰色的蛾子，因为它们对桦树的破坏严重，故而学名叫作桦尺蛾。不过伦敦人更喜欢称其为斑点蛾，因为它们的翅膀上总有一些黑色的斑点。

伦敦等地的斑点蛾，吸引了生物学家达尔文的注意。他观察到，仅仅过去几十年的时间，原本还是灰色的斑点蛾，翅膀居然越来越黑，最终连斑点都看不出来了。经过分析，达尔文认为，由于这些蛾子喜欢栖身的树干原本是灰白色，所以灰色的翅膀可以迷惑天敌，从而躲避被捕食的命运。然而当时的工厂焚烧了大量煤炭，由此产生的煤烟附着在树上，树干变成了黑色，于是灰色的桦尺蛾变得更显眼，反倒是原本黑色的桦尺蛾更容易存活下来，在种群中的比例也从原先不足1%上升到95%之高。据此，达尔文提出了他最得意的学说：自然选择理论。

不过，单说桦尺蛾这个案例，达尔文的理论并不准确，因为实现选择的并不是自然，而是人类行为无意间促成了这一转变。只不过在当时，很少有人会将此事与伦敦大雾联系在一起，生活在雾都里的人们还是像过去那样，优雅地喝茶看戏。

图 4–4　莫奈笔下的英国国会大厦

倒是也有些人对此情有独钟，法国画家莫奈便是其中一位。他长期居住在泰晤士河畔，窗户正对着威斯敏斯特宫，也就是伦敦国会大厦。每天清晨打开窗户，都可以欣赏到不同的景致，于是他便发挥了自己的印象派绘画特长，用画笔将国会大厦的模样呈现出来。谁也不知道他究竟画了多少幅，但仅仅是传世之作就有 19 幅。这些画作的尺寸相同，构图相似，最显著的区别只有雾的色彩。在莫奈的印象里，每天笼罩在伦敦上空的雾，具有各种非凡的色彩：黄色、紫色、红色、绿色……

也有人对伦敦大雾表达了不满。老舍先生也曾在伦敦旅居，在他看来，这“乌黑的、浑黄的、绛紫的”大雾是“辛辣的、呛人的”。于是，他在自己的作品《二马》中如此调侃道：“伦敦的雾真有意思，光说颜色吧，就能同时有几种……大汽车慢慢地一步一步地爬，只叫你听见喇叭的声儿；若是连喇叭也听不见了，你要害怕了：世界已经叫雾给闷死了吧！”

但世居于此的伦敦人似乎并不在意。

一百多年淌过，时间来到了 1952 年末，雾都还是那个雾都，世界局势却已经发生了很大改变。大英帝国曾经的荣光虽然有些褪色，可伦敦却比百年前更现代化了，生活节奏明显加快，而市内的工厂依旧坚挺地发出隆隆吼声。

12 月 5 日，又一场大雾降临了这座古城，人们习以为常地钻进浓雾之中，行色匆匆地上班读书，就连喝咖啡都显得有些局促。车辆交通虽然已经瘫痪，可警察还是手持着火把上街维持秩序。

然而这场大雾并没有像往常那样逐渐退散，而是整整肆虐了四天有余，直到 12 月 9 日一场久违的西风吹来，伦敦人民才重见天日。

大雾有如奥斯维辛集中营的毒气一般，至少六千人在雾中丧命。但这还只是开始，因为吸入毒雾，后续的一个多月中，又有近万人因为呼吸道疾病离开人世。

老舍说过的话应验了，而伦敦人再也坐不住了。

显然，他们熟视无睹的大雾并不是人畜无害，等到它亮出獠牙的时候，人类已经无处可逃——别说是娇气的人类，就连体形硕大的牛都被毒雾给放倒了。

笼罩伦敦百余年之久的大雾，很大程度上是工业污染的作品，用今天的词语来描述，这应该叫“雾霾”。我们对此并不是很陌生，随着工业化的推进，饱受雾霾之痛的城市越来越多。然而，像伦敦这样如同世界末日般的雾霾，我们恐怕还是难以想象。2012年伦敦奥运会开幕式，主创人员借助于现代技术重新演绎了工业革命时期的伦敦市容，令世人震撼。

第一次工业革命因燃煤而启动，而这正是伦敦雾霾的主要成因。

亿万年前，地球上的植物因地质运动被埋入地下，在微生物和高温高压的作用下，包括纤维素在内的很多有机分子发生变化，形成一种含碳量很高的化石，这便是煤。煤的主要结构与石墨类似，也就是由碳原子形成的常见晶体。除此以外，还有一些其他的元素，如氢、氧、氮、硫等，它们与碳元素构成了五花八门的有机物。

图 4-5　1952 年发生在伦敦的大雾

因此，煤在燃烧之时，并不只是氧化成二氧化碳并释放能量这么简单，复杂的有机物如同变魔术一般，以至于人类至今也无法完全知晓煤炭燃烧的废气中究竟含有多少种物质。氮原子也许会变成氮氧化物，硫原子大概率会成为二氧化硫，它们都是危害人类呼吸系统健康的元凶。但是，和碳原子的产物相比，这不过是冰山一角。

也许会有大量煤灰烟尘，它们伴随着燃烧过程四处飘散，是它们熏黑了桦树皮，让原本隐藏得很严实的灰色桦尺蛾露出了马脚。

也许会有一些煤焦油，作为原料合成出糖精钠的物质，它们无孔不入，附着在城市的每个角落，黏乎乎的。尤其是下雨时，着实恼人得很。

就算是优质的无烟煤，固态的烟尘与液态的煤焦油显著降低，可是气态的有机物还是无法控制。比如多环芳烃，这是一类具有强烈致癌性的物质，在煤烟中的含量并不低。第一次工业革命时代，并没有什么有效措施可以降低燃煤产生多环芳烃的生成几率，而它们就顺着气流危害四方，并侵入水体和土壤。

进一步说，除了燃烧煤炭，还有很多时候都会遇到同样的情况。石油中的有机物种类比煤炭更多，至于那些利用垃圾焚烧获取能量的发电厂，废气中的成分有毒更毋庸置疑了。

由此看来，伦敦雾霾远不只是伦敦市民才需要面对并解决的难题，如若不去正本清源，任何一个城市都可能陷入这样的绝境。也正是在那个时候，空气污染与人类的关系成为政治家与科学家共同关注的重大议题。

相比于氮氧化物、二氧化硫这些显而易见的污染物，人类花了更多的时间，才逐渐弄清了有机物的污染真相。

1989 年，世界卫生组织定义了一个重要的概念——总挥发性有机化合物（TVOC），具体是指熔点低于室温而沸点在 50 ～ 260 ℃之间的有机物。之所以需要对有机物划定这个范围，是因为空气中的 TVOC 已经成为危害人类健康的夺命杀手，如果再不采取严厉的管控措施，人类的居住环境很可能会崩溃。

这并非是危言耸听。空气中的气态有机物，可以参与各类不同的化学反应，特别是太阳光里的各类射线还会促进这些反应的发生，由此形成“光化学烟雾”。光化学烟雾是一个听上去就有些恐怖的词汇，而它正是导致伦敦大雾呈现不同颜色的主要原因。

更为出名的光化学烟雾发生在美国洛杉矶。从20世纪40年代起，洛杉矶就饱受光化学烟雾袭击的困扰，汽车尾气排放的大量青烟，实则是没有完全燃烧的汽油与柴油，富含着以碳氢化合物为主的有机物，而阳光里的紫外线让它们变得极其危险。每一次光化学烟雾爆发之际，都会出现老人因呼吸道疾病而大量死亡的悲剧。

小分子有机物不仅沸点更低，挥发成为气体之后的密度也会相应地低一些，这样就可以“好风凭借力，送我上青天”，轻松地来到平流层。平流层好比是地球生命的保护伞，其中臭氧层防紫外线的作用更是妇孺皆知。可是人类排放而来的小分子有机物却是这把伞上的蛀虫，它们生性活泼，可以和臭氧发生反应，从而对臭氧层实施破坏。这样的破坏并非是“杀敌一千，自损八百”，与臭氧发生反应之后，很多小分子有机物还能恢复原来的分子结构，继续为非作歹。当人们意识到这一问题的时候，南极上空的臭氧层居然已经出现了一个巨大的空洞，实在是令人震惊。

更可怕的问题还在后面。

众所周知，二氧化碳是一种温室气体，可以吸收并辐射红外线，为空气保温，就像冬日里的棉被一样。二氧化碳是碳元素氧化后的产物，人类将煤炭、石油、天然气等化石能源开采出来之后并燃烧，已经向空气中排放了太多二氧化碳。实际上，除了二氧化碳，包括甲烷在内的很多有机物都是温室气体，它们的保温性能甚至比二氧化碳更好。

因为人类活动，二氧化碳的浓度在最近两百年增长了一倍有余，达到了 440 ppm，并且还有继续上涨的趋势。放在地球数十亿年的历史来看，这点变化算不上很显著，然而对于数千年的人类文明而言，这样的信号看起来并不乐观。

科学家们怀疑，温室气体浓度的上升会造成全球变暖问题。1997 年 12 月，世界各国代表在日本京都参加了联合国气候大会，并通过了举世瞩目的《京都议定书》，要求缔约国共同努力，确保大气中温室气体的浓度在可控范围之内，这也是全人类向“全球变暖”问题宣战的标志。

二十多年来，围绕着“全球变暖”问题展开的热议不断，虽然已有大量证据表明地球确实是在变得更暖，但是不少反对者认为，人类终究还是渺小的，并不足以从根本上改变地球。不过，即使不考虑全球气候变化问题，我们正在向空气中排放大量废气，这一点却是不容置否，仅仅如此就已经让人不寒而栗了。形象地说，人类文明就如同一辆车，工业革命的爆发，给这辆车安上了油门，于是这辆车开始加速，并且由此带来了新的隐患，其中就包括“排放”问题。我们真正需要担心的是，这辆车上并没有安装刹车，眼下还没有人知道，一旦遇到危机该如何避险。

2015 年 11 月 30 日，第 21 届联合国气候变化大会在法国巴黎召开，超过 150 个国家元首和政府首脑参加了本次大会开幕式，这也是迄今为止，人类历史上针对气候变化问题所举行的最为隆重的一次会议。经过十余天的洽谈，12 月 12 日，大会一致同意通过《巴黎协定》，《协定》明确提出了全人类的执行目标：控制全球气温比工业化前的升幅不超过 2 ℃，最好是不超过 1.5 ℃。大会还决定，这场攻坚战，从 2020 年开始打响。

这也是一场输不起的战争。

正所谓“覆巢之下，焉有完卵”，整个地球居住环境恶化的背景之下，很少有人能够置之事外，哪怕躲在看似安全的屋内，同样无法逃避。

事实上，如今的高楼大厦虽比过去任何时候都要坚固，能够在很大程度上抵御台风、洪水乃至地震，然而现代人的“高碳生活”却在另一方面让居住环境变得险象环生，那就是室内 TVOC 的问题。顾名思义，这指的是室内存在的各类挥发性有机物。

不管是伦敦的雾霾还是洛杉矶的光化学烟雾，至少我们还能用肉眼看到，最起码也能被鼻腔感知。不同于城市污染，室内的 TVOC 不仅无形无色，有时候连气味都闻不到，它们就悄悄地藏匿在屋内，一点点地消磨着人类的健康。

更让人感到气恼的是，别看一间房比一座城市的空间小得多，可室内这些有机物的来源，有时候比城市污染更难界定。

比如甲苯，这是一种分子结构并不复杂的物质，也是室内 TVOC 中的主要通缉对象之一。可以断定的是，现代结构的房间里不会少了它的身影，只是浓度各有高低，而我们的生活习惯又会进一步加重它的产生。

室内装修材料中富含甲苯——甲苯是各类涂料的优良溶剂，因此传统的油漆几乎都是以甲苯作为主要溶剂。即使是新型的水性涂料，在生产加工时，有时也需要先用甲苯作为溶剂进行合成，最终的产品中若是发现它的踪迹，并不意外。

各类家具中不乏甲苯——它不仅可以作为油漆的溶剂，同时也是很多胶黏剂以及木材处理剂中的常客。现如今的人们挑选家具的时候，不难知晓，胶合板家具相比于实木家具，会用到更多的人造有机物，甲醛等物质的释放量很容易超标。但是，很多人不知道的是，就算是实木家具的制作工艺，胶粘替代了卯榫，人造蜡替代了物理打磨，更别说还需要进行防水、防蛀、辅助着色等各方面处理，在“实木”以外，一组成型的家具不得不添加了很多人造有机物，其中不乏甲苯。它们为生活提供了方便，也让家具成本迅速降低，只是不可避免地会污染室内空气。

地毯上很容易找到甲苯——和衣服一样，地毯的主要材料也是化学纤维，它们优异的物理与化学性能，可以实现耐磨、美观、防虫、防火等多重要求，相比于传统的丝质毯而言，利大于弊。不过，更好的性能也离不开很多助剂的作用，直到变为成品准备销售之前，地毯都还需要用到整理剂。至于固定地毯所用的地胶，更是甲苯最擅长的领域。

儿童玩具也是甲苯常见的释放源——玩具表面装饰所用的油墨，通常需要借助于甲苯才能附着在表面，于是玩具内部难免也会吸收甲苯，它们将会持续不断地缓慢释放。如今，很多国家都已经对儿童玩具展开了甲苯检测，总算在一定程度上降低了玩具的隐患。

还有图书、衣服、涂改液、指甲油……

无论我们如何留意，都无法彻底拒绝它的存在，属于我们私密的空间，总是会被甲苯沾染，宣示它的“主权”。所幸的是，甲苯的毒性算不得很大，未必会对身体造成显著的伤害，但是闯入我们生活的挥发性有机物的种类成千上万，谁又能保证每种对于人类都采取“和平主义”方针呢？

其实在 TVOC 被定义之前，人类与 TVOC 之间的情愫早就已经开始了。花的芬芳、肉的浓香、酒的醇美……这些也都是有机物挥发到空气中形成的特殊味道，自然也属于 TVOC。不过，我们并没有为此感到困扰，因为它们带来的，更多地是愉悦的享受。

可是裹挟于工业时代喷涌而来的各类有机物却不是这样，它们似乎正在破坏我们的居住环境。

其实，人造有机物并没有什么原罪，非要说有，那就是它们和人类相处的时间短了一些。自然界里的挥发性有机物很多，有香的，亦有臭的。达尔文的“自然选择”理论告诉我们，漫长的生物演化过程，已经让人类形成了趋利避害的识别系统，若是一种物质有害，身体往往会对此产生敏感的反应，大脑也会下达躲避的指令，这也就是为什么令我们感到愉悦的气味大多无害，感到不舒服的气味则正好相反。可是人造有机物不过寥寥百八十年的历史，对于人类的身体来说显得那么陌生，仅仅依靠本能很难做出准确判断，于是它们得以长期潜伏在我们身边的环境中，等到发现其危险性时，或许已经造成了不可挽回的伤害。

究其根本，不怪它们，是人类自己的生活方式造成了这一切。

人类文明不断发展，物质水平的提升，也刺激了需求的升级，但是从元素的角度说，如此高碳的生活已经属于贪婪与浪费了，其结果必然是难以遏制的高排放。

我们不断地改进着居住环境：泥土夯出的地面太脏，于是换上水泥地面；水泥不够美观，便又换上大理石；大理石容易打滑，只好再用木地板；木地板不够舒适，那就用地毯代替；若是地毯还不够该怎么办呢？没有人能够回答。当消费一次又一次地升级下去，究竟什么时候才会是终点——又或许根本没有终点。

地球上的各种元素都是有限的，空气的容量也是有限的，所以客观来看，我们不可能为了私欲，将地球彻底开发，再任由我们将废物排放到空气中。总有一天，为了满足不断增长的需求，人类不得不去开采遥远的星球，它们远得只能用光年丈量。不过在那之前，我们首先要保证，自己的高排放不会超过地球的负荷。

居住环境中随处可见的碳元素，正在提醒着我们，是时候做出选择了。

“我们面前无所不有，我们面前一无所有；我们踏上天堂之路，我们走入地狱之门。”狄更斯如是说。

第四节

行

与高碳相反的便是低碳，提起低碳，人们首先想到的可能就是交通出行。

现代社会，家用汽车已经成为一种必要的交通工具，而它正是“高碳”生活方式的代表。是否除了放弃开车，人类就没有其他低碳的手段呢？

解铃还须系铃人，这个问题还是要由碳元素自己来解答。

汽车之所以显得高碳，主要是因为行驶时需要消耗大量燃料，通常是汽油和柴油，它们都是从石油中提炼而来。

从结构上看，包括汽油和柴油在内的各类燃油，几乎都属于碳氢化合物，也就是由碳元素和氢元素共同构成的有机物。更精确而形象地说，它们的分子构造，有些像北方人冬天爱吃的“羊蝎子”，骨架就是碳原子，伸展出来的那些枝权，便是氢原子了。

这些“羊蝎子”在内燃机里煮出来的可不是什么美味，而是在空气的作用下发生氧化，氢元素变成水，而碳元素则变成二氧化碳。

但是，这只不过是最理想的一种情况，如此完美的化学反应式，大概只存在于中学化学试卷上，实际反应过程则要复杂得多。

以汽油为例，平均一个分子完全氧化，需要 12 ～ 13 个氧气分子。同样的条件下，气体的体积与分子个数成正比，也就是说，当气化后的汽油进入内燃机后，要想完成燃烧，还得充入至少十多倍的氧气——而氧气在空气中的浓度只有21%，也就是说，最终需要大约 60 倍体积的空气，才能在理论上使汽油完全燃烧。

常温下，汽油挥发成气体后，体积大约是液态时的 150 倍。所以，对于一辆 50 升油箱的普通汽车而言，要想让汽油完全燃烧，发动机至少需要吸入 450,000 升空气。

若是吸入的气体不足，氢元素尚可转化为水，但是一部分碳元素却只能转化为一氧化碳，这可不是什么好事。一氧化碳也叫煤气，无色无臭，对人类而言是剧毒物质。当汽车处于怠速状态时，发动机的工作不充分，汽油也不容易被完全燃烧，一氧化碳的生成量便急剧上升。此时若是车厢内通风不好，一氧化碳的浓度有可能达到平时的数十倍之高，这对于乘客而言或许就是一把无影无踪的夺命利刃了。事实上，因为停车未熄火导致车内人员一氧化碳中毒的事件屡见不鲜。

若是燃烧更不充分——这在城市拥堵的时候也是常事——那么碳元素干脆连一氧化碳都懒得转化，直接变成炭黑了。炭黑是粉末状固体，它随着尾气运动，或是吸附在管道内壁形成所谓的积碳，或是随风飘扬，像是在给汽车的排放罪名书上签字画押。

无论是一氧化碳还是炭黑，它们本该为汽车产生更多的动力，却因为反应不完全变成了环境公敌。很多汽车都设计了一些方案，提升发动机的效率，比如涡轮增压，就是采用机械方式，向发动机中充入更多的空气，以此实现更完全的燃烧。

但这并没有解决本质问题，或许先从燃料入手，才可能彻底改变这种情况。

碳氢化合物无疑是人类找到的最理想燃料之一。它的燃烧值可观，自然也就能够提供强劲的动力。俗话说得好，甘蔗没有两头甜，高燃烧值也带来了燃烧不稳定的风险。特别是一些分子，在燃烧的时候会出现轻微爆炸的现象，也叫作爆震，汽车不仅会因此损失动能，浪费汽油，机械受到的伤害也不可小视。

在对此现象进行研究之时，人们在汽油中发现了两种常见而又典型的物质，一种是正庚烷，它的抗爆性能很差，另一种叫异辛烷，它的抗爆性能却十分优异。于是，以这两种物质为基准，人们定义了“辛烷值”，规定正庚烷的辛烷值为0，而异辛烷则是100。如此，汽油的抗爆性能便可以与两者进行对比，并用“辛烷值”进行标注，得到0～100之间的一个数，通常用于商用的汽油辛烷值都在90以上。

但这并非是极限，为了提高抗爆性，又有一些有机物作为抗爆剂被发明了出来。

在这些人造抗爆剂中，不得不提的一种便是四乙基铅——它和它的“发明人”托马斯·米基利（Thomas Midgley）堪称传奇。

准确地说，米基利并非是发明了四乙基铅，这种物质早在1854年就已经在德国问世了，三十二年后，世界上第一辆汽车才在同一片土地上诞生。所以，四乙基铅的发明过程与汽车风马牛不相及，但是米基利却让它们之间产生了联系。

米基利学的本是机械工程，开始在通用汽车工作后，1916年却被阴差阳错地委以重任，要发明一种阻止汽油爆震的方法。在当时，别说是他了，就算是科班出身的化学家们都还没搞懂爆震的原理，所以这个问题简直是无从下手。但米基利不同于常人，他不仅接受了这个自己并不擅长的工作，而且半路出家，捡起了化学课本。他研读起元素周期表，并从中获得了灵感。在碳元素的下方，还有硅、锗、锡、铅等元素，如果把分子中的一个碳原子换成它的同族原子，会有什么效果呢？

于是，他在 1921 年发现了四乙基铅的优异抗爆性，可他也知道，这个结果恐怕难以被公众接受，因为人们都知道，铅是一种有毒的元素。于是他刻意淡化了研究成果中对铅的描述，将“四乙基铅”简写成“乙基”，这个产品便顺利地成为商业化抗爆剂。由于抗爆剂的巨大价值，他本人还因此获得了次年由美国化学会颁发的尼克斯奖章。

然而纸包不住火，“乙基”很快就惹祸了，生产它们的工人出现了严重的中毒现象，甚至还有几人死亡。为了向媒体澄清“乙基”的安全性，米基利不惜亲自在公开场合连续吸了一分钟四乙基铅，此事也就不了了之了。

尽管他在舆论上扳回一城，但是这一分钟的表演，却让他的身体严重受损，整整一年也无法正常工作。

好不容易恢复了之后，米基利又开展了另一项重要课题——冰箱制冷剂的研制，他出色的科研水平，让他在仅仅几天时间里，就开发出了氟利昂系列产品——这正是破坏臭氧层的主要黑手之一。

相比之下，四乙基铅的破坏力更隐形一些。它通常随着尾气被排到空气中，因为其密度大约是空气的11倍，很难向上爬升，只能在地面附近蓄积。这就意味着，四乙基铅主要的毒害对象是生物圈。不过这对普通人来说是个漫长的过程，往往要在很多年之后才爆发症状，等到确诊病源的时候为时已晚。所以，尽管人们早就怀疑四乙基铅的危害，但还是直到20世纪80年代才正式决定将“含铅汽油”扫入历史的垃圾堆，此时空气中超过九成的铅都来自于汽车尾气。

当传奇的四乙基铅抗爆剂谢幕之际，受害的人群不禁迁怒到它的发明人米基利，却发现他的身世更为离奇。

米基利用自己的发明天赋欺骗了全世界，也欺骗了他自己。长期与铅共舞，米基利的身体受到了巨大伤害，双腿几乎瘫痪，骨骼也发生了病变。在他承受巨大病痛之际，他回忆起自己学过的机械工程，便完成了生命中最后一项发明——可以辅助残疾人翻身的一种装置。这一次他还是身先士卒，亲自试用。不幸的是，这台机械和他的经典发明四乙基铅一样，效果不错，可就是不够安全可靠。结果，由于发生机械故障，他被缠住了脖子，连呼救都没来得及就已撒手人寰。

更令人唏嘘的是，米基利在研究抗爆剂的时候，并不是没有其他选择。乙醇，便是他发现的第一种产品。

乙醇就是通常所说的酒精，它是一种简单的有机分子，有两个碳原子、六个氢原子以及一个氧原子。因为氧原子的介入，乙醇的燃烧值并不高，同等质量下只有汽油的三分之二左右。但是，它却可以大幅改善汽油的性能，减少爆震的发生。

米基利没有选择乙醇是有原因的，一方面是乙醇不能和汽油混溶，只能添加 10% 左右；另一方面则是乙醇会对汽车零件造成一定的腐蚀。不过，从他最后选定四乙基铅的结果来看，这些所谓的缺陷不过是一种托辞，真实的原因恐怕还是利益。乙醇的生产没有太多技术含量，不可能垄断市场，于他个人而言，也很难靠乙醇获得名望。

时过境迁，到了当今无铅汽油时代，人们又重新想起了乙醇，只不过这时的它，还有着另外一重身份，那就是新型燃料。

不同于汽油，乙醇的主要来源并非是天然的化石能源，而是生物圈的杰作。植物通过光合作用产生的葡萄糖，给养了很多生物，特别是基数庞大的微生物。像酵母这类真菌，它们不需要氧气就能将葡萄糖代谢，每个葡萄糖分子变成两个乙醇分子和两个二氧化碳。这种代谢方式是有风险的，即便是酵母，当乙醇浓度较高时也会停止繁殖甚至死亡，但是对于人类来说，乙醇的气味却充满了诱惑力，并催生了米酒、黄酒、啤酒、葡萄酒、白酒等品种繁多的酒精饮料。

尽管乙醇的燃烧值不高，但是它燃烧更充分，少量添加到汽油中，汽车动力并不会因此受影响。不仅如此，就算全部使用乙醇，现代技术也可以完全控制它的腐蚀性，柔和的燃烧方式可以让引擎的寿命更长久。更重要的是，它还可以实现“零排放”。

只要有太阳光，每年都会有大量葡萄糖经由植物形成，并且从空气中吸收大量二氧化碳。理论上说，就算将这些葡萄糖全部用于加工燃料所用的乙醇，那么燃烧所产生的二氧化碳，上限也不过是和植物吸收的那部分等量。

但是，为了减排而牺牲汽车交通的便利性，这也只是权宜之计，人类不会因此停下追求兼得鱼与熊掌的脚步。

混合动力便是其中一个技术方案，采用汽油和电力混合的方式。当汽车加速或是走走停停的时候，以效率更高的电作为动力，高速行驶的时候再使用汽油，并将过剩的能量以电的形式储存起来，如此，同样的车，只因避免了汽油的不充分燃烧，就可以使能源消耗下降一半有余，动力却能依旧——如果在同样的逻辑下使用乙醇，不就彻底解决问题了吗？

于是，人类又开始了对燃料电池的探索。所谓燃料电池，就是以氢气、甲醇或乙醇作为燃料，但是并不是直接燃烧，而是让它们在电极表面发生氧化，产生的能量用于发电——就和充电电池的工作原理一样。以电作为动能输出，乙醇燃烧值不高的缺点便不会再影响驾驶体验。

既然如此，那么如果直接用电，是否也是一套可行的方案呢？最近十余年来，电动汽车的发展方兴未艾，很多人都坚信，这或许就是实现汽车低碳排放的一把钥匙。

但它一定不是唯一的一把钥匙。

如果说能量的转化效率是解决排放的首要问题，那么控制车身重量就是仅次于此的又一条重要方案。

根据牛顿的经典力学，汽车的动能损耗，主要就在于风阻和地面摩擦力，前者与汽车的形状密切相关，后者则是受轮胎和车身重量影响。但是在这些参数中，最难调整的就是车身重量，因为降低重量，很可能就会因为“偷工减料”造成车体安全性下降。

自打汽车被发明出来之后，人们就从未停止过对轻质车体材料的探索与尝试，这不仅是为了省油，更是为了提升速度与灵活的性能。早期的汽车几乎就是一只钢铁巨兽，所以汽车生产商大多毗邻钢铁基地。

铝合金的兴起，为汽车轻质化带来了希望，因为铝的密度大约只有铁的三分之一。不足的是，它的强度也不高，所以只能在一些非核心零件方面实现了替代。

然而钢铁并没有能够守住自己的地位，今天的它正在“复合材料”的凌厉攻势下节节败退。

顾名思义，复合材料就是由多种材料组合而成的新材料，特别是指那些以有机高分子材料作为基体的材料。相比于铝合金，它们的密度更低，往往只有其一半左右，但是强度有时却能胜过钢铁。

碳纤维便是这样一种基体。

它并不新奇，早在爱迪生发明电灯的时候，就曾经试过用它作为灯丝；但它也凝结了众多高科技于一身，人们用它作为材料，也不过是近些年的事。

最简单的碳纤维可以由竹丝加工而成，经过高温脱水之后，就可以得到以碳元素为主的纤维状炭丝，也就是所谓的竹炭。不过，这样的炭丝若是用来吸附 TVOC 还凑合，要想加工成器可就难了。

20 世纪 50 年代，聚丙烯腈——也就是此前提到的腈纶纤维——的生产技术逐渐成熟，有趣的是，聚丙烯腈在高温时也会发生碳化反应并形成炭丝，这让材料学家们十分兴奋，因为如此一来，便可以有条件地对碳纤维的结构进行设计了，即使是达到钢铁的强度也不是没有可能。

科学家们并非是盲目自信，这个问题的答案，自然界早就已经帮我们回答了。

自然界的碳一般以两种形式存在，也就是石墨和金刚石。石墨非常软，而金刚石却是人类所知道的最硬物质。金刚石之所以硬，一方面当然是因为碳原子构成了一个整体，每个碳都和另外四个碳原子相连，另一方面则是因为碳和碳之间的结合力出奇地高，外力很难将它们拆开。

既然如此，同样是由碳原子构成的石墨，似乎也不应该那么软，软到可以当作铅笔芯。

但这并不矛盾，石墨的特点是，每个碳只和另外三个碳原子结合，无限延伸，形成了一张由六边形构成的平面网络，就像蜂窝的表面那样。这张网比金刚石还要结实，只不过，每张网之间却只是很弱的结合力。当我们用铅笔写字的时候，石墨会一层层地脱落，然而每一张六边形网都还完好地保存着，并没有因此受损。

那么，如果这些网被交错地编织在一起呢？这便可以形成碳纤维了。

所以，预测碳纤维的强度有甚于钢铁，其实有着充分的科学依据，事实上，如今做到这一点已经不是什么难事。

1981 年的 F1 赛场（世界一级方程式锦标赛，由国际汽车运动联合会举办的场地汽车比赛，全年在世界各地的赛道进行系列大奖赛。2004 年，上海成为 F1 比赛的一站）上，迈凯伦祭出了一款新车，型号叫作 MP4-1，而它的最大特点就是，车身几乎都是由碳纤维打造而成，车重大大减轻。这一技术也让迈凯伦车队在80年代独领风骚，称霸车坛。到了1992年，受F1赛场上的启发，迈凯伦又推出了面向民用市场的F1超级跑车，这也是第一款量产的全碳纤维汽车。

直到今天，迈凯伦这款全碳跑车依然是车迷们津津乐道的经典，因为它创造的速度神话一直保持到停产的2005年。对于材料学而言，这款车的意义或许更为突出，用有机复合材料替代钢铁，这已不再是梦想。

时至今日，交通工具使用碳纤维已不再稀奇，就连很多人早已瞧不上的自行车，如今也流行起了碳纤维的车架。

有机物虽然都是以碳作为骨架，但是像碳纤维这样含碳量通常在95%以上的材料，再也找不出第二个。当人类试图让汽车变得更低碳时，没想到到头来，还是用了一种“高碳”材料，只不过它的内涵却发生了很大的变化。

如果说，穿衣的“高碳”在于高分子，吃饭的“高碳”在于高依赖，住房的“高碳”在于高排放，那么，出行的“高碳”更在于高科技，它正在勾勒现代人类的出行方式。

开车出门，首先离不开的是道路，尤其是代表速度与便捷的高速公路，而高速公路，离不开碳元素的贡献。

它藏在沥青之中。如果没有沥青，很难想象如今的道路会是什么模样。若是硅酸盐构成的水泥，光是路面平整就有些困难，更别说风霜雨雪、夏热冬寒的剧烈破坏了。

它藏在道路上的指示线里。指示线是现代道路不可或缺的组成部分，它是一类特殊的油漆，只有人工合成的有机物，才可能同时满足色彩饱和、不易磨损、耐热耐水等多种要求。

它也藏在防护设施之中。如果没有防护设施，现代道路也无法满足高速的需求，然而这些设施很容易被水腐蚀，以碳元素为主的防腐涂料，可以让它们矗立得更久一些。

如果放弃开车，乘上火车前去旅行，可碳元素的身影依然耀眼。

高速列车及铁路是现代轨道交通的最高象征。休说列车车厢与汽车一样，复合材料的使用比例越来越高，即便是"铁"轨，有机物的应用也不在少数：铁道的下方，分布着由聚酯或聚醚弹性体材料制成的减振垫，虽然在铁路修建中的占比不大，却是最核心的零件之一，是它们的保护让列车在以每小时 300 千米的速度通过时，仍然能够保持平稳。为了防止雨水对路基的侵袭，铁道的表面涂有好几层不同的漆，其中最上层的聚脲面漆，不仅可以做到防水，还可以抵御曝晒与严寒，硬度奇高，难以磨损。

如果是度假，乘坐飞机或是游艇，那就更离不开复合材料了，对于它们而言，笨重而又不耐腐蚀的钢铁很不实用，不换都不行。

哪怕是有朝一日，我们需要乘坐宇宙飞船旅行，要想摆脱碳元素也是万万不能。

2019 年 1 月 11 日，首次登陆在月球背面的“嫦娥四号”与“玉兔二号”月球车完成互拍，宣布这片处女地正式有了人造物品的“足迹”，全世界的目光聚焦于此，而在传回地球的资料中，月球车“胸前”挂着的五星红旗尤其鲜艳。

月球上没有大气，它的白天近 200 ℃，夜间却又会下探到将近零下 200 ℃，温差惊人。在这样的恶劣环境下，红旗还能如此耀眼，正是因为应用了聚酰亚胺的缘故，这又是一种神奇的有机高分子。因为它能够在极端条件下仍然保持机械性能，因此自打阿波罗登月以来，聚酰亚胺复合材料就一直在幕后守护着人类的登月工程，让人们得以憧憬地球以外的世界。

无论是哪种交通工具，它们应用的高科技都离不开碳元素的支撑。高明的碳元素，让我们的速度变得越来越快，生活也变得越来越美好。它不只是我们的现在，更是我们的未来。

且慢，在向未来出发之际，还有一种元素我们可不能忘了。它是谁，又会给我们带来什么惊喜？请看下一章《钛平盛世》。

第五章

钛平盛世

/

Titanium's Great Era

我欲乘风归去，又恐琼楼玉宇，高处不胜寒。起舞弄清影，何似在人间。

——（宋）苏轼

第一节
上九天

探索“未来”，可以说是人类作为一种智慧生命的本能。某种意义上说，正是因为对未来的恐惧与思考，人类社会才有了哲学、宗教、艺术与科学，人类文明得以步步前行。

多年以来，好莱坞的镜头帮我们谋划了很多种可能的未来，全面战争、末日预言、地质灾害、气候变暖……各种灾难层出不穷，在欣赏银幕变幻的同时，也不得不让我们重新反思自己的“高碳生活”。但是，相比于这些局限在地球上发生的故事，天马行空的外星人更加吸人眼球。人们耳熟能详的 E.T.、变形金刚、超人、阿凡达等科幻角色，全都是各色外星人。而在中国，要是提起科幻，人们首先会想到的恐怕也是“三体人”。

在地球人贫瘠的想象中，外星人的科技往往要比我们高出很多，当我们遭遇的时候，总是要付出惨痛的代价。就算是好不容易碰到了部落时代的阿凡达，我们也没有能够占到便宜，灰溜溜地被赶回了地球。

既然外星人如此可怕，我们为什么还是会期待和外星人相遇呢？

岂止是期待！

1977 年 9 月 5 日，美国国家航空航天局（NASA）发射了一艘名为“旅行者 1 号”的探测器。这艘探测器的目标并非是某一颗特定的星球，而是浩瀚的宇宙。

探测器上携带了一张由铜打造并镀金的唱片，唱片中记录了人类文明的相关信息，包括地球的位置、人类这一物种的外形、55 种语言的问候录音等等，封面更是贴心地画出了唱片的播放方法。

这张金唱片便是人类发往浩瀚宇宙的一只漂流瓶。

有朝一日，或许是几万年后，它会抵达距离太阳系最近的恒星系统附近，那里正是传说中“三体人”的家乡——人马座 α 星，俗称“比邻星”。虽然希望十分渺茫，可我们还是期盼着会有那么一天，另一个星球上的居民发现了它，并且解读出其中的奥秘，与我们建立联系。

2012 年，“旅行者 1 号”掠过冥王星，人类第一次知道了冥王星的模样。从此，它或许不会再和人类已知的天体发生如此亲密的接触，并且随着电能的消耗，大约在 2025 年，它就无法继续向地球发射信号了，只能独自流浪下去。在那之后，它的任务就只剩下一件——被外星人发现。

由此看见，人类不仅期待着与外星人相遇，更是早已付诸实施。尽管“旅行者1号”金唱片的象征意义远大于实际，但是谁又能知道，它不是最终掀起太平洋上风浪的那只蝴蝶呢?

未知世界的外星人，或许会很好战，甚至会让地球遭受灭顶之灾，但是，比这些灾难更可怕的，是我们连外星人都找不到，只能孤零零地被束缚在太阳旁边的第三颗行星上。当我们说起外星人的时候，说的其实还是人类文明的未来。

要想寻找外星人，首先需要解决的第一个问题是：走出去。为此，距离地球最近的月亮，就成了人类遐想的第一个地外居住点。

嫦娥孤栖与谁邻?欲上青天揽明月！千百年来，人类登月的梦想从未停止过。在古人的想象中，月亮上大概也有宫殿，里面还住着神仙。1969年，NASA发射的“阿波罗11号”实现人类首次登月，宇航员阿姆斯特朗走出登月舱，说出了那句流传千古的话:“这是我的一小步，却是人类的一大步。”的确，为了从地球“走出去”，人类已经为之努力太久了，阿姆斯特朗代表全人类，跨出了关键的一步。同时，他和他

图 5–1　阿姆斯特朗的搭档宇航员奥尔德林留在月球上的脚印

的队员们也能够亲眼证实，月球不过是荒芜一片，没有月宫，也没有嫦娥。

没有神仙嫦娥，那我们就创造“嫦娥奔月”，让千古神话变为现实。

2004 年，中国正式确立了月球探测计划，并将其命名为“嫦娥工程”。此后每隔三年，“嫦娥一号”至“三号”卫星相继升空，成功完成了一系列探索任务。

又等待了五年之后，“嫦娥四号”于2018年12月8日登上奔月征程，正如我们在《高碳生活》中所提到的，它的目标是人类从未探寻过的处女地——月球背面。由于潮汐锁定效应，月球的公转速度与自转速度相同，通俗地说，它总是以同一面对着地球，于是人类从自己的视角，将月球正对地球的一面称为正面，反之则为背面。古往今来，人类只能看到月球的正面，却无法知晓背面的世界是什么样，因此有人猜测，说不定月球的背面就有外星人建造的基地。

2019年1月3日，经过26天漫长的旅行之后，“嫦娥四号”平稳地降落在既定位置。这下，月球背面真的出现“外星人”了——由地球人制造的智能月球车“玉兔二号”缓缓地从着陆器推出，开始完成它的探测任务，对月球来说，这可不是外星人吗？

“玉兔二号”的设计时速最高可达200米——不是“千米”，只是“米”，但这已经是非常了得的速度了。月球上没有高速公路，就连前人轧过的车辙，也不过寥寥几条。虽然没有荆棘密布，可是月壤、岩石，以及陨石撞出的坑坑点点，都会让探测车在月球上的行动变得步履蹒跚。唯一的优势大概就是月球上重力更小一些，月球车行驶所需的动力可以比在地球少一些，只是这样带来的副作用是，月壤和岩石也会更容易被卷起来，对月球车造成破坏。

所以，即便“玉兔二号”月球车是现代尖端科技的结晶，它在真实的月球环境中，面临的挑战依然艰巨，更何况它还是在我们看不到的月球背面，一切控制信号都只能靠中继卫星“鹊桥”来传递，当研究人员看到情况后进行操作，指令起作用时，时间已经过去了好几秒钟，这可比正在开车的司机打个喷嚏还要久。所以，要想在月球上飙车，那是坚决行不通的。

即便一切都小心翼翼，它的前辈“玉兔一号”，在成功登月之后，仅仅行驶了 114.8 米的距离便停滞不前了。2019 年 2 月 11 日，“玉兔二号”已累计行驶了超过 120 米，打破了原有纪录，这无疑又是中国航天史上一次巨大的进步。

实现突破的原因很多，保密工作严谨的航天领域，不可能将秘密一一公开，但还是向公众展现了不少细节。当“玉兔二号”驶离着陆器时，“嫦娥四号”探测器与它完成了互拍，并特地给它的轮子做了一个大大的特写。不难看出，虽然前后两只“玉兔”的外形十分相似，但是轮子却有着显著不同。

和“玉兔一号”一样，“玉兔二号”的车轮也是由上海宇航系统工程研究所（又名航天院 805 所）精心打造而成。车轮采用了六轮悬挂摇臂机构，更具体来说，是“主副摇臂差动式悬架、六轮独立驱动、四轮独立转向”的构型方案。形象地说，它就像是神话中哪吒驾着风火轮，既有腿的功能，又能当轮子使。人类短短数十年的地外探索，已经在探测车上尝试过多种行走模式，摇臂机构的优势最为明显，它具有很强的越障能力与行驶能力，能在越障之时基本保持平稳，又不像履带那样增加太多的重量。

轮子与地面接触的部分最为重要，它决定了一切精巧的设计能否奏效，就和普通轮胎的胎面一样。“玉兔二号”车轮的“胎面”由两部分组成，分别是位于两侧的棘爪与正面的筛网。

棘爪由铝合金制成，如此设计本是为了增加月球车的抓地力，然而“玉兔一号”实际应用时并不能完全发挥功能，于是在“玉兔二号”上它就主要承担了另一个作用——与着陆器上导轨咬合。月球车不比人类，迈开双腿就能从着陆器跳下来，而是需要缓缓滑落，但是这个过程却是在 38 万千米外遥控而成，难说会发生什么意外。因此，设计人员在着陆器的导轨上也安装了棘齿，与车轮的棘爪刚好匹配，这样月球车便失去了滑动的自由度，在三维空间处于可控状态，就算是停在导轨上也是稳稳当当。

相反，设计人员一开始并没有很重视筛网的作用，但它却是月球车平稳移动的最大功臣。与履带一样，它可以增加轮子的受力面积，这样就不至于陷入松软的月壤中，也不会卡在大块的岩石上；至于那些卷入轮子中的小石子，能够从筛网中漏出来，不会对月球车造成持续损坏。最为重要的一点，它不会出现永久形变。

我们在生活中也经常会用到金属筛网，比如铁丝网编织的纱窗。金属材料或多或少都有延展性，所以在受到外力作用的时候，便会出现形变。

这样的特性源自于金属内部独特的原子结构。与一般物质不同，金属材质内部找不出“分子”这一层级的物质，而是由原子直接堆砌而成。但金属原子的堆砌方式与此前提到的金刚石或单晶硅又有着本质差别，它们几乎不受什么拘束，如同是将豆子倒入了竹筒里，所有原子都紧密地靠在一起，因此金属通常都拥有较高的密度。不仅如此，当受到外力的时候，金属原子的相对位置也可以发生改变，于是宏观上便会出现弯折、错位、扭曲等形变现象。而金刚石虽是最硬的物质，可内部的碳原子受到化学键的束缚，一旦产生形变就会碎裂。

对于车辆的轮子而言，能够发生一定程度的形变是至关重要的，因为这样可以吸收路面凹凸不平造成的震动。地球上的车辆几乎都使用橡胶轮胎，而在橡胶还未被发现利用的时候，无论是马车还是18世纪末出现的自行车，轮子通常都是由木头打造，形变程度较小，颠簸得厉害。直到后来，高弹性的橡胶被发现并用于轮胎，再加上悬挂系统的发明，车辆避震问题才得到解决。

但是新的问题又出现了——一旦形变过头，橡胶便会发生疲劳，呈现松弛的状态无法恢复。这种情况在汽车轮胎磕到马路牙子的时候最为常见，脆弱的胎侧受到外力作用发生形变，于是就会造成“鼓包”的现象。经验丰富的汽车司机发现这种情况之后往往会做出换胎的决定，因为它很可能会成为爆胎的起因。

大多数合金与橡胶一样，当形变程度较大的时候，便很难再恢复原状，从而出现永久形变。对于月球车轮子上的筛网而言，这显然是难以接受的缺陷，否则只要滚上几圈，轮子也许就不再是圆形，容易卡住岩石，在月球上动弹不得。

但是“玉兔二号”并不会这样，它所用的筛网是一类特殊的合金，由钛和镍共同打造，它拥有一个非凡的特性——记忆效应。所谓记忆效应，就是金属在发生形变之后，随着外力撤销，便可以完全恢复到原来的形状，正是这一特性，可以让筛网保持永久的圆形状态。

设计师们选择了钛合金筛网方案之后，打造出了直径300毫米而宽度为150毫米的轮子。尽管拥有如此复杂的结构，它的总质量却只有区区735克，还不及一本普通的《现代汉语字典》。

出色的记忆效应，轻盈的体态，让钛元素荣膺“太空金属”的美誉，但它在太空中的价值还远不止于此。

“嫦娥四号”登月之后，需要完成一系列观测任务。既然是观测，那么视力的重要性不言而喻，就和人类一样。对月球探测器而言，它的“眼睛”就是用于拍照的镜头。可是月球上的光学环境与地球不同，除了色彩可能带来的差异以外，还面临着大量高能粒子辐射的问题。除此以外，月球上巨大的温差也让月球车的“视力”备受影响，所以它的“瞳孔”——也就是镜头，是由特种玻璃制作而成。仅仅是特制的镜头还不够，镜筒也要与之匹配。温差会造成物质的热胀冷缩，这是另一种外力带来的形变，若是镜筒材料的胀缩幅度与镜头不同，便会对镜头造成损坏。一般金属的热胀冷缩效应都要高于玻璃数倍，作为探测器的“眼眶”并不合适。所幸的是，钛合金与玻璃的热变形程度接近，这也让它又多了一项太空任务。

早在1978年，日本北极探险队前去北极探险时，为了适应极寒天气，就已经在照相机的上下盖和前后盖尝试了钛合金。在零下40℃乃至更低气温的北极室外，钛合金相机的效果好得出乎意料，在那之后，钛合金用作光学元件就变得非常普遍了。人类要想上九天揽月，又怎能忘记了钛元素？

就算不在月球那么高的太空，如今遨游于平流层的那些飞行器，也都离不开钛元素的贡献。航空界早有一个共识：如果没有钛，就不可能制造出高性能的超音速飞机，“太空金属”的魔力可见一斑。

轻质而又强韧的钛合金，几乎可以适用于飞机的任何部位：机身蒙皮、机翼肋条、机翼蒙皮、起落架、机尾罩、垂尾构件、锚固件、承重件、座位导轨……不过，最重要的还是发动机。

根据测算，飞机发动机的质量每降低1千克，便可以让使用成本节约220～440美元，而飞行速度却可以因此得到提升，这对于涡轮喷气式飞机来说尤其显著。

喷气式飞机利用的原理是经典的牛顿第三定律：当一个物体对另一个物体施力的同时，也会受到一股反向且等大小的反作用力。基于此，英国工程师弗兰克·惠特尔（Frank Whittle）想出了一个绝妙的主意，要是能够将空中的气体先收集起来，然后再猛地释放，飞机不就可以快速飞行了吗？其实孩子们也很喜欢玩这个把戏——吹起一只气球再撒手，于是气球便会喷着气，飞快地在空中旋转。

十多年后，惠特尔的奇思妙想在战场上最先变成了现实，德军与盟军双方先后设计出了新型的喷气式飞机用于实战，很快就在性能上超越了传统的活塞式飞机。

战后，对喷气式飞机情有独钟的英国人从德国人那里吸取经验，在1949年推出了第一款商用的喷气式客机——“彗星”，人类从此进入喷气旅行的时代。

“彗星”客机的飞行高度可达12,000米，时速更是超过800千米，而在当时，其他任何一款民航飞机的速度都不及它的一半。但是，对于这样革命性的新事物，大多数航空公司都采取了观望的态度，在美国，只有泛美航空试探性地下了3架飞机的订单。

美国人并非对此无动于衷，事实上，对于英国人率先发明并在民航应用喷气式飞机这一点，从政府到民间都弥漫着一股嫉妒与懊恼。波音公司更是有些坐不住，但是要想快速研发出喷气式飞机，他们或许要将自己在“二战”期间造军机获得的所有利润全部拿出来，这场豪赌又令决策者们犹豫不决。

1952年5月2日，嫁入英国海外航空公司的“彗星”客机正式投入运营，在执飞了伦敦到约翰内斯堡的洲际航程之后，反响十分强烈。乘客们纷纷炫耀：飞机很平稳，可以在机上喝水；飞机很快捷，到达目的地时都怀疑是不是手表出了问题；

飞机很梦幻，坐在万米高空看地球的感觉真是好极了……

几乎在同一时间，波音公司历经两年的调研，终于敲定了战略目标：造出一架属于美国人的喷气式飞机！但是波音实在拿不出这么多科研经费，在申请了联邦财政支持后，又向飞机发动机的制造商普拉特·惠特尼（即普惠公司）赊了一大笔钱，以解燃眉之急。

于是人类航空史在这个时候来了个急转弯。

作为第一个吃螃蟹的飞机型号，“彗星”在接下来的两年遭遇了最黑暗的时刻。新型客机虽然在各方面都很出色，却不具备良好的安全性。1953 年 5 月 2 日，就在“彗星”首航一周年之际，收到的礼物竟是一场空中劫难。印度德里的上空，一架飞机起飞后不久便解体坠毁。事故原因被认为是强对流天气，各航空公司因此修改了飞行手册，并没有怪罪于飞机的设计问题。

然而，1954 年 1 月 10 日，又一架“彗星”客机发生了解体。这一次是在意大利罗马上空，“彗星”客机也因此全部停飞。事故经调查后，管理层与工程师们的意见并不统一，有的认为是错误操作所致，有的则认为是飞机的设计存在缺陷。最后，大家实在争执不下，只好采取投票的方式决定是否让“彗星”复航，而投票结果是——通过，与此同时，由专家小组继续调查事故原因。

仍在研发新型喷气式飞机的波音团队惊闻这一惨剧之后，百感交集，他们不免担心这也会成为波音的未来。

祸不单行，同年4月8日，依然是在罗马，复航后不久的“彗星”客机再次出现空中爆炸解体的状况，这一次，所有人都确信，一定是设计出现了问题。人们对于喷气式飞机用于民航客运的质疑声，也一浪高过一浪。

为什么喷气式飞机不耐用？这是当时最受关注的难题。

经过彻底的调查，“彗星”的阿喀琉斯之踵终于被找到了——金属疲劳。所谓金属疲劳，其实是一种十分形象的描述，指的就是金属材料在经过长期使用之后，内部产生了一些微小的裂痕，导致强度下降的现象。举个例子，要想截断一根细铁丝，如果手头没有工具，可以反复朝着相反的方向不断弯折，细铁丝很快就会断开，这其实就是利用了金属疲劳的原理。对于飞机这样的庞然大物而言，金属疲劳很可能就是致命的，正所谓千里之堤毁于蚁穴，哪怕只是一丝裂纹，在受到异常外力作用的时候，都可能会造成整架飞机自此处断开。

由于高空与高速的使用环境，喷气式飞机造成的金属疲劳要远远超过其他类型。实际上，除了这显而易见的两高之外，它还有另外“两高”：一是高压，二是高温。

所谓高压，说的是当飞机在平流层巡航之际，外界的空气十分稀薄，所以机舱内必须采取加压的方式确保呼吸，但是由此也造成舱内与舱外之间存在较大的气压差，这时的飞机就像是易拉罐装的碳酸饮料一样，机身上哪怕只有一个小孔，气流就可以自此喷涌而出。

高温是喷气式飞机的又一大特征。涡轮发动机将空气吸入，空气与航空煤油发生化学反应产生大量二氧化碳与水蒸气，此时发动机再将这些气体快速向后喷出，形成强大的推动力。问题在于，飞机排出的气体，有时温度可以达到上千度，对于长期运转的发动机来说，这无疑是个严峻的考验。

“二战”期间的飞机主要由钢材和铝材所造，这样的材料搭配也一直延续到“彗星”客机。喷气式飞机适合高速飞行，对于轻量化的要求更为突出，所以铝材的使用比例有所提升。但这是个十分矛盾的局面，因为铝的耐金属疲劳能力并不出众，尤其在高温条件下，性能严重丧失。所以，当“彗星”飞天翱翔之际，却早已埋下了一颗定时炸弹。1954年，这颗炸弹被彻底引爆，“彗星”黯然坠落。

但是这一年对于整个民航业来说，却是硕果累累的一年。

“彗星”的失败，让波音变得更加冷静。5月15日，波音首架喷气式飞机下线，为了掩人耳目，它一直以来的身份都是367-80（Dash-80），也就是沿用了自家螺旋桨飞机的编号方式。直到两个月后的首飞，竞争对手们才知道，这居然是一款喷气式飞机。

大概是吸取了“彗星”的教训，367-80此时并没有进入民航市场，而是作为KC-135型加油机开始服起了兵役。

但是谁都没想到，波音这一次赢了个大满贯，它的性能获得了广泛认可，不仅在几年后以707的传奇机型占领了民用市场，就连美国总统所乘的专机“空军一号”也是非它莫属。

这并非是1954年所有的航空大事件。

虽然“彗星”遭受了坎坷，但是为它提供发动机的罗尔斯·罗伊斯公司，却在新型的发动机Avon上使用了钛合金；但他们还是落后了一些，同年早些时候，为波音提供发动机的普惠公司已经率先实现了这一技术，将发动机的转子盘和叶片都换成了钛合金制造。实际上，当1958年波音707定型的时候，全机已经使用了81.6千克的钛合金。

钛合金不仅轻质，还能在高温条件下耐受一定程度的金属疲劳，所以它比钢材与铝材更适合用于飞机制造。当航空工程师们掌握了钛合金的加工技巧后，飞机上的钛合金零件便逐渐多了起来。以后世的眼光看来，钛合金在恰当的时机现身，也让人们在这个时候没有因“彗星”的三次坠落而对喷气式飞机失去耐心。

在那之后，用钛量几乎成了评价飞机先进性的重要标准。波音707型获得成功后，1962年研制的波音727型客机，钛合金的用量就猛增到590千克；而在777型客机，这个数字更是达到了5896.7千克，占机身比例的11%左右。至于更考究性能的军用飞机，钛的用量就更大了。美国目前最先进的战机F–22（中文名“猛禽”），光是两台发动机就各用了5吨钛合金，全机的用钛量达到了41%之多。而在20世纪60年代时，美国甚至还研制出了一款全钛飞机SR–71（中文名“黑鸟”），也就是赫赫有名的3马赫侦察机（3马赫是指飞行速度可达音速3倍，该机型实际飞行速度可超过3500 km/h），不到两个小时就可以从纽约飞到伦敦，全机的用钛量达到了95%之多。在服役期间，未曾有一架SR–71被击落，因为没有任何武器可以追上它，只是由于使用成本过高，退役后便没有再复产。不过，它创造的神话已经令世人震惊，一些科幻电影中还经常会出现它的身姿。

如今，钛合金与飞机制造业相互成就，继续书写着人类航空史，其中的很多技术，未来也许还会在更遥远的太空应用，引领着我们飞翔。我们不禁要感谢“彗星”当初并不成功的尝试，是它作为喷气式飞机的先驱，开启了人类的新篇章。

1958年，“彗星”复出。这一年10月4日，在对首次横跨大西洋航班的争夺中，英国海外航空使用“彗星”四型，率先完成这次壮举。两架飞机几乎同时从伦敦与纽约对开，机上分别坐着英国海外航空公司的首席执行官与董事长，个中深意不言自明。二十多天后，泛美航空使用波音707赢得了亚军。

然而，这也成了“彗星”璀璨的谢幕演出。由于没能在最初的几年不断改进，复出后的“彗星”已经无法再与波音707相抗衡，在完成横跨大西洋壮举的次年，设计并生产它的公司德·哈维兰就被并购了，从此天空中再无“彗星”，这不免令人有些唏嘘。

但它的余晖，终将照耀着人类飞向未来。

第二节
下五洋

当英美两国在喷气式飞机领域你追我赶之时，世界局势正处于一种很微妙的和平状态，由美国与苏联分别领衔的“冷战”是那个时代的主旋律。

军用飞机是国之重器，所以苏联在冷战争锋中不敢大意，通过强有力的研究团队，不断地推陈出新，追赶美英的航空技术。不过，由于种种背景，苏联在民用客机方面并没能取得太大的突破。

正如我们前面所说，航空与航天在不少技术上是相通的。于是，冷战在航天领域开始出现升级，苏联人在1957年发射了人类史上第一颗卫星，并在1961年成功地将宇航员加加林送入了太空。这一系列事件也直接刺激美国人推出了阿波罗计划，并在八年后反败为胜。

几乎是在同一时期，两国的交锋还延伸到了海洋中，造船厂开足了马力制造新船。

20世纪60年代，位于北德文斯克的造船厂里时常会出现一件怪事，工人们发现有些零件焊接起来十分困难，就算勉强焊上去了，进行试验的时候也会崩开。

这并非是他们的技术不行，只是因为这些零件的材料并非是舰船上寻常的钢铁，而是新型的——钛合金。

经过50年代的大发展，钛合金的性能已经得到了充分的验证，工程师们也纷纷思考如何能让它发挥出更大的效果，而舰船就是其中最重要的领域。这一点，还要先从海水的特性说起。

对于大多数金属来说，海水都是不共戴天的仇人。

与淡水不同，海水中含有丰富的盐分，尽管世界各地的海有着很大区别：含盐量最低的波罗的海只有不足1.0%，而含盐量最高的红海则是3.6%——如果你认为死海也是海的话，那么这个纪录就将超过30.0%。海水中的盐主要是食盐，也就是氯化钠，除此还有其他各类物质，比如钙、镁、钾等离子，它们共同让海水呈现咸苦的味道。

但是，相比于它们对金属的所作所为，只是让味蕾感到不舒服的恶行，实在不值一提。

在《青铜时代》中我们曾经提到过金属的腐蚀问题，特别是当体系内形成电池回路的时候，腐蚀速度便会大大地加快。因为含有盐分，海水拥有良好的电导性，这就成了天然的电解液，任何置于其中的金属都如同是裸露的电极一般，很容易被腐蚀。

更糟糕的是，海水中还溶解了不少氧气，对鱼虾而言当然是生命中不可或缺的分子，可对于金属来说，却让本来就很棘手的腐蚀问题雪上加霜。

正因为此，常年行驶于海洋中的巨轮，首要难题就是克服金属生锈，特别是作为主体的钢铁。

通常，用于船舶防锈的方式有两种：一种是在船体上焊接更活泼的金属，利用电池原理，牺牲这些金属保护船体，金属锌一般就是那个牺牲品；另外一种更为麻烦一些，那就是喷漆。给数千吨乃至上万吨排水量的船体喷漆并不容易，何况这还不是一劳永逸，为了保证船体的健康，时不时就要再将它拉回干船坞中重新喷漆。

这才只是普通的船舶，对于周身浸没在水中的潜艇来说，防腐难度就更不用说了。

与美国擅长建造航空母舰不同，苏联根据本国的国防特征，选择了核潜艇作为主要发展方向，尤其是攻击型核潜艇。为了让潜艇不被海水腐蚀，他们也想到了钛合金。

只有极少数金属可以抵御海水的侵袭，而钛合金是其中之一。钛可以与氧气形成一种致密的氧化物薄膜，虽然厚度只有10纳米，也就是头发丝直径的万分之一，却致密得连气体分子都无法钻过去。很早以前就有人做过实验，将钛锭放入海水中五年，打捞出来后，钛锭依旧光亮如新。

更重要的是，在所有能够抵御海水腐蚀的金属中，钛是唯一一种有可能用于船舶制造的。钛并不是很稀有的金属，在地壳中的丰度排在第九位，比常见的铅、锌、铜等金属元素都要高。换言之，地球上含量比钛丰富又能用作金属材料的只有铁、铝、镁这三种元素，但它们对海水毫无招架之力。而像铂、铱、金这些能够抵御海水腐蚀的金属，地球上实在是太稀缺了——就算把全世界各国央行储备的黄金全部拿出来，也只够打造一条并不宏伟的纯金小船。

除了防腐，对于苏联而言，选择钛合金还有另一个原因。苏联的钛矿十分丰富，探明的钛矿储量仅次于中国，这让他们有底气进行钛合金用于舰船的尝试。英美造飞机，所用的钛合金不过是以千克计量，而在造船厂中，钛的用量就要用吨来衡量了。因此，冷战期间，只有苏联具备研制钛合金舰艇的物质条件和工业基础。

苏联军方自1957年起就有了这一想法，但是基于不可控的风险，海军与设计局之间的讨论喋喋不休，直到数年之后，才正式开始在造船厂进行实践摸索。

然而这个过程远比造飞机更困难。

对于飞机来说，钛合金零件主要采用铆接的方式连接，只要机床的精度足够高，加工起来还不算特别困难。可是对于舰船来说，很多零件却需要通过焊接的方式完成，这就出现了发生在北德文斯克造船厂里的那一幕。

当然，在举国重视的基础上，攻关这些技术也只是时间问题。1968 年 12 月 21 日，世界上第一艘钛合金核潜艇正式下水，苏联称之为 661 型巡航导弹核潜艇（该型舰艇的北约代号为帕帕级，简称 P 级）。此舰一出，立即吸引了全世界的目光，对当时冷战的两大阵营而言，这无疑是一只扰动平衡的重量级砝码。令人难以置信的是，它在水下的巡航速度可以达到 44 节，是当时行驶速度最快的一种作战舰艇。服役之后，这艘核潜艇运行了 30 多年，直到 2008 年被送去拆解，期间游弋于各大洋，未曾出过一次事故。

1969 年，又一艘钛合金核潜艇在列宁格勒的造船厂下水，它带来的影响甚至超过了 661 型核潜艇，就连敌对阵营对它都交口称赞，称其为超越时代的核潜艇。

这一型号的核潜艇被命名为 705 型攻击核潜艇（该型舰艇的北约代号为阿尔法级，简称 A 级），它不仅航速与 661 型相仿，达到了 42 节，更是可以下潜到 900 多米深。整艘舰艇用钛达3000吨，听起来有些夸张，然而钛的密度小，所以相比于笨重的钢铁舰船来说，它实在是太“轻”了，这让它在水下的机动性变得异常灵活。1979年，美国舰船第一次遭遇到705型核潜艇，当检测到水下900多米深的信号时，所有人都冷汗涔涔——如果这艘核潜艇向他们发起攻击，美国舰队就将毫无招架之力。当时，还没有鱼雷或炸弹可以对如此深的区域进行精确打击；就算勉强将水下炸弹发射过去，以这种核潜艇的灵活性也足以躲避。更让人无奈的是，钛合金没有钢铁那样的磁性，任何借助于磁性靠近目标的攻击方式也是徒劳。

所幸的是，705型核潜艇的隐身性能不佳，水下噪声十分强烈，对手可以提前避其锋芒，这也让它的威胁有所下降。

更大的隐患来自舰体本身。由于705型采用了太多超乎时代的技术，其中有一些在当时并不成熟，因此相比于前辈661型，它的稳定性实在是不敢恭维。这一型号原计划建造至少11艘，但是实际完工的仅有7艘，据说有两艘甚至是在船台上建造时，就因为严重隐患而被拆解。下水后的这7艘艇也不顺利，由于各类事故频发，在服役了十余年后便陆续退役。

但是，对钛合金用于舰船的几番尝试，还是让苏联人更有了底气，他们开始在更大的舰船上使用钛合金。紧接着705型出现的是685型攻击核潜艇（北约代号为麦克级，简称M级），它的下潜深度达到了惊人的1250米，作为世界纪录保持至今。而集大成者则非941型（北约代号为台风级，简称T级）莫属，这一型号的导弹核潜艇，每艘使用钛合金高达9000余吨，全舰的排水量更是高达33,800吨，直到今天，它都是世界上最大的核潜艇。

虽是在剑拔弩张的冷战期间，可是这些性能先进的核潜艇并没有一展身手的机会，所以，它们的实战能力究竟有多强，谁也说不清，直到一次撞击事故的发生。

1992年2月11日，美国洛杉矶级核潜艇"巴吞鲁日号"悄悄地靠近了位于北极圈内的摩尔曼斯克军港，跟踪一艘刚刚出港的945型攻击核潜艇（北约代号为塞拉级，简称S级）并进行信号监听。这本是苏联时期为了应对洛杉矶级核潜艇而研制出的一种新型号，因此，除了945型艇体使用了钛合金外，两舰的其他性能并无太大差异。很快，被跟踪的核潜艇艇长就发现了对方，他没有通过水下信号答话，便直接调转艇头全速撞了上去。事后，945型艇只是受到一点皮外伤，修修补补之后，很快就归队服役，可是"巴吞鲁日号"的情况就没有那么乐观了，在经过数次大修后，仍然无法正常使用，只能草草退役。

这是如今唯一公开的钛合金潜艇在“实战”中的战绩，但是悬殊的战果足以让所有人承认，钛合金舰艇威力强劲，难与争锋。

但是，强大的钛合金核潜艇却没有能够让苏联国祚长久，军事力量永远都不会是一个国家凝聚力的体现。实际上，就在摩尔曼斯克港的潜艇相撞事件发生前一个多月，苏联这个曾经伟大的国度，终因积重难返而轰然倒塌，解体为十多个国家，冷战戛然而止，而俄罗斯则继承了它的钛合金核潜艇衣钵。

没有人能够用一句话说明苏联解体的理由，但是经济困难一定是不可忽视的原因，而造价昂贵的钛合金核潜艇又使得本不富裕的国库更加空虚。在激烈的冷战角逐中，美苏两国都拼尽全力，立足于军备竞赛，发展出众多本应该出现在未来的武器——美国的军机如是，苏联的潜艇亦然。直到这场恶斗名义上谢幕，美俄两国潜艇的相撞事件仍在时时刻刻警醒着世人：武器无言，和平不易。

令人欣慰的是，从另一个角度看，冷战引爆的高科技，也成为一笔难得的财富，让人类得以迈开脚步，探索未知领域。

地球表面有七成被海洋覆盖，随着世界人口规模不断扩张，陆地资源越发紧张，人们不得不将眼光放到辽阔的海洋中。那里曾是人类远祖居住过的地方，如今却很可能会成为我们的第二家园。

不过，在踏入这座新家园之前，我们首先还要解决淡水的问题。

联合国粮农组织在2015年时曾经发布了一项数据，认为缺水问题已经影响到全球40%的人口，如果照此趋势发展下去，到了2050年，三分之二的人口都将面临用水难的问题。

常言道，海水不可斗量。陆地淡水资源紧张，可是海水的总量却是淡水的三十多倍，只是盐分含量太高，人类无法直接使用。要是能够以海水作为原料获取淡水，那么水资源缺乏的问题也将迎刃而解。

作为岛国的日本对此尤其用心，四面环海的地理环境，让他们有更多理由朝着海洋进发。于是，自20世纪50年代起，日本便已经开始了对海水淡化的研究，并陆续建成了一些装置。

1967年，日本开动了一条规模化生产线，每天可以生产淡化海水2650吨，初步具备了实用价值。然而，这条生产线总是事故不断，令人烦恼不已。

出问题的原因并不难找。在当时，海水淡化的主要方式还是依靠蒸发——将热量传递给海水后，海水温度上升，水分子从中逃逸，冷却之后便成了淡水，而盐分则留在原来的海水中。

道理虽然很简单，可是这还需要一个十分重要的条件，那就是高效的热交换过程，否则，还没等热量传递到海水中，就已经散逸到空气中了，损耗难以估量。而在冷却时，同样需要实现快速热交换，要不然水蒸气难以凝结成液态水，这又是不小的损失。

因此，日本的海水淡化设备中，传热管、冷凝器等核心装置均是由纯铜制成，因为金属铜的导热性优良，而且有着较强的惰性，应该可以耐受海水的腐蚀。

事实证明，工程师们还是低估了海水的力量。

海洋中的氯化钠的确对铜的作用有限，然而氯的近亲溴元素，却是难缠得很。它在地球上的含量非常少，可是海洋中溶解的溴元素，占全球总量的99%以上。

很快，由铜打造的各种元器件就在溴的袭击下节节败退，海水淡化设备成了一堆破铜烂铁。

与此同时，随着美苏两国的积极探索，让钛元素不仅拥有“太空金属”的美誉，更是收获了“海洋金属”的称号，这也给了日本工程师以启迪：何不用钛合金试试？

钛合金之所以没有在第一时间就被选用，并不是因为工程师们没有想到它，而是它的一项致命弱点令人担忧。纯钛的导热性大约只有纯铜的1/29，即便是与海水淡化装置中常用的白铜相比，也要逊色很多，不及它的1/3，若是用于热交换元器件恐怕表现不佳。

戏剧性的是，当日本人不得不弃铜用钛的时候，却发现原来的担心不过是杞人忧天——只要把钛管的管壁制作得薄一些就行了。为了抵御腐蚀，铜管壁通常需要在1毫米以上，可对于钛管而言，0.5毫米就已经够用了，导热性差的问题似乎并没有预想中那么严重。更为关键的一点是，钛合金的价格虽高于铜，但是因为用料节省，在海水淡化设备中，两者的使用成本相差无几，这也从商业上刺激了钛合金的应用。

根据测算，一座每天生产1.36万立方米的海水淡化工厂，如果全部换成薄壁钛管，需要1200～1500吨钛合金。显然，这是一项规模巨大的产业，并承载着人类获取更多水资源的希望。

于是，日本多家冶炼工厂都开始大力发展薄壁钛管产业，无论是冷轧还是热轧技术，都走在世界前列，这也引来同样饱受水资源短缺之苦的中东国家的瞩目。1978年，沙特阿拉伯一次性向日本订购了2000吨钛合金管，其中一多半都是用于海水淡化。

除了水资源，海洋中的油气资源储量同样不可小觑，目前已经探明的储量就已经超过1500亿吨，大部分都位于大陆架上，至于深海之中还有多少，我们知之甚少。

然而就算是发掘大陆架上的矿产，钛合金依然是很多零件的首选材料，它超强的耐酸性能与记忆功能，让它得以在管道、油泵、阀门等关键位置效力，却又不会因为浪涛带来的应力而发生形变。

未来，我们还将直接利用海洋的各种能量，例如潮汐能、波浪能、海流能、浓差能（不同浓度盐分的海水之间存在着势能差，混合时会放出热量，采用合适的装置，可以让它们像电池的两极一样，放出能量供人类利用），这样不仅可以获得丰富的能量，还不会向空气中排放温室气体。不过，人们有理由相信，等到未来这一天终于实现的时候，钛合金一定会是大功臣。事实上，太平洋岛国瑙鲁已经建设了一座直接获取海洋能量的实验性电站，最大输出功率120千瓦，其中的传热管也都采用了钛合金。

但是，人类探索海洋的脚步不会满足于此——海洋中有的不只是各类资源，它更是另外七成的地球，那才是真正的目标所在。

早在19世纪时，法国作家儒勒·凡尔纳（Jules Gabriel Verne）就已经对海洋世界无比神往，幻想着乘坐“鹦鹉螺号”潜艇深入海底，于是创作了《海底两万里》这部不朽的科幻名作。借着“水中人”的口，他说：“我将作为向导，将这个星球的海底秘密都展示在您面前。”

仅仅一个世纪之后，他的愿望就实现了，“水中人”不再只是存在于幻想中的物种，而是人类的另一重身份。

2012年6月27日，人类的科考船首次真正实现了对7000米深的海域的探访——此前虽然早有人实现过潜入马里亚纳海沟11,000米深的壮举，但那只是探险，连“到此一游”的痕迹都未曾留下——这意味着，人类的脚步从此可以从容地覆盖地球上99.8%的海底世界。

实现这一纪录的是由中国设计生产的“蛟龙号”载人潜水器，它是全人类智慧的结晶。

即便是21世纪初，中国的载人探海深度只有区区600米，而日本已经在1989年创造了6527米的探海纪录。面对巨大的差距，中国在2002年提出了探海7000米的目标。

这并非只是数字上的突破。

众所周知，海底的水压巨大，每下潜10米，就相当于增加了一个大气压，那么7000米意味着探测器需要承受700个大气压，这相当于双掌托起一列八编组的动车。这么大的压力，普通钢板早已不堪重负，或许只有古希腊神话中的大力神“泰坦”可以做到——还好，人类已经找到了“泰坦”。

钛的英文名称 Titanium 正是源自于神话中的“泰坦”，毫无疑问，人类对它寄予厚望。

目前，世界上所有能够下潜超过 1000 米的载人潜水器不过十余艘，它们都有一个共同的特征——载人球舱由大力神钛合金打造而成。多亏了苏联在大深度潜水艇领域的探索，人类可以有信心潜入 4500 米、5000 米、6000 米……每一米都是一座丰碑。

2009 年，“蛟龙号”建成，随后在多次海试中不断下探，直到 2012 年实现 7062.68 米的新纪录。之所以能够在短时间内实现这一目标，是因为它吸收了当前世界上最先进的各类技术，比如俄罗斯的钛合金壳体，美国的钛合金机械臂等，博采众长，兼收并蓄。

而在 7000 米这一极端的环境下，“蛟龙号”还要完成一系列的科考工作，这也是不小的挑战。海水与空气一样飘忽不定，太阳的照耀、月球的引力以及地球自身的各种运动，使得海底潜流就像陆地上的风一样寻常，只不过，海水的密度是空气的七百多倍，哪怕只是一次小小的洋流冲击，就不亚于遭遇一场台风。

但是这一切都不是我们畏缩的理由。六千年前的《传道书》就已问过“谁能探测深渊的最深处”？对于这个问题，人类必须亲自解答。《海底两万里》的结尾这样写道：“对于6000年前《传道书》中所提出的那个问题：‘终有一天，谁会把这深渊的最深处测透呢？’如今，芸芸众生中，我觉得只有两个人有资格来回答这个问题，那就是尼摩船长和我。”

如今，新型深海探测器[1]即将登上新的征程，而这一次的目标正是“深渊的最深处”——深达11,034米的马里亚纳海沟——“泰坦”是我们忠实的伙伴，在那里，它将与人类共同开启未来之门。

1　2020年10月27日，新型深海探测器“奋斗者号”已经实现马里亚纳海沟坐底的目标。

第三节

承千钧

1998年底，法国建筑设计师保罗·安德鲁（Paul Andreu）回到巴黎，走在戴高乐机场的通道中。他没有任何犹豫，即使不看任何路标，他也不会迷路，因为这座机场就如同他的孩子一般——29岁那年，正是他为戴高乐机场设计了1号航站楼，让他得以在建筑设计领域一鸣惊人，随后即被委任继续设计2号航站楼。

然而此时的他，神色并不轻松，无心欣赏这座惊世骇俗的国际机场。

他曾在全世界设计了五十余座机场，从开罗到达拉斯萨拉姆，再到雅加达，都有他的作品。此前不久，遥远的东方古国，他设计的另一座机场已经动工，那是丝毫不逊色于戴高乐机场的上海浦东机场。他早已名扬五湖四海。

名望像一把隐形的钥匙，可以解开很多难题，但是很多时候，名望又像一道枷锁，缺少一把打开它的钥匙。对于步入花甲之年的保罗·安德鲁来说，他回到巴黎时的无助感正是源自于此。

这一年，中国启动了一项世纪工程，一项延误了40年工期的工程——国家大剧院。

早在1958年，为了迎接新中国成立十周年庆典，北京市就确定了建成十大建筑作为献礼工程，而国家大剧院赫然在列。

剧院是戏剧的承载体。中国是世界上少数几个独立发展出戏剧的国度之一，并且中国戏剧在两千多年来，历经动荡与变迁，始终保持着活力。自唐朝起，在城市最繁华的位置，总能听到戏台的锣鼓作响，北宋首都汴京更是拥有五十多座戏园子。而在元朝之后，随着大批文人墨客投身戏剧创作，戏曲的文化内涵更为深刻。精致的戏服、婉转的唱腔、婀娜的身段、风雅的词曲，让戏剧瑰宝不断成熟，现存最古老的剧种之一昆曲便在此刻孕育，直到六百余年之后的今天依旧传唱不绝，更是在2001年，代表中国文化入选了联合国教科文组织首批“人类非物质文化遗产”。而在昆曲之后，全中国共产生了三百六十多种戏剧，尤其是清朝诞生的京剧，早已是中国文化的重要符号。

所以，在新中国诞生十年之际，建设“国家大剧院”的构思合情合理，得到了政府与人民的共同支持。深谙戏曲文化的周恩来总理亲自勘查地块，最终决定在位于人民大会堂西侧兴建剧院。

不同于一般的建筑，剧院的功能性独特，除了考虑建筑设计以外，更要考虑到光、声、电等设备的应用，而这些技术对于当时的中国来说，实在是匮乏得很。即便能够找到专业人士，昂贵的造价也难以接受。于是，在完成动迁破土之后，中央政府忍痛宣布终止项目，这一处地基也就再也没有动过。

这一荒废就是整整40年。

到了20世纪90年代，重启国家大剧院的时机基本成熟，并且也成了一件刻不容缓的重大任务——当全世界的艺术家们流连于维也纳金色大厅或悉尼歌剧院演出时，谁还愿意在北京的破旧舞台上表演呢？

正是在这一背景之下，1998年初，国家大剧院项目正式确立。而被这个项目惊动的，除了企盼已久的两代中国人，更有全世界的各路建筑大师——为了能让未来的大剧院展现最完美的姿态，项目组决定面向全世界招标。

一个周六的上午，正在上海指挥浦东机场建设的保罗·安德鲁比往常悠闲了一些，一边吃着自助早餐，一边翻着当天的英文报纸。忽然之间，他看到了国家大剧院近期将要招标的信息，内心抑制不住激动的他，抖抖索索地将这一方报纸剪下，就像是被某种魔力驱使一般。

他等来了同济大学的合作伙伴，和他们通报了这一消息，并表达他想参加竞标的心情。由于双方在浦东机场的项目中已经熟识，所以几乎没有任何犹豫，就确定了组队参选的计划。

若干年后，当安德鲁回忆起此事的时候，他这样写道："我一直觉得在北京国家大剧院与戴高乐机场 1 号航站楼之间存在着某些非常紧密的联系。"在他看来，中国的国家大剧院项目乃是他一次重生的机会，令他欲罢不能。

安德鲁生涯之中的绝大多数作品都是机场，除此以外只有少数文化地标或博物馆，比如位于巴黎的新凯旋门，还有日本大阪的海事博物馆等。机场规模巨大，却都位于市郊，对于市区中心的大型地标建筑，他还从未尝试过，这是让他感觉怅然若失的经历。他不希望自己被打上"专业机场设计师"的烙印，可是西方发达国家的大城市，都已经拥有自己独特的地标建筑了，他生不逢时。这样的项目从启动到收工，往往需要十年以上，此时的他却已年逾六十岁——或许只有中国还能给他提供最后的转型机会。

他庆幸自己这一天居然有空读报，兴奋之情溢于言表，没有问明情况就匆匆报名了。然而，出于招标公平性的考虑，国家大剧院项目不允许中外不同的设计院联合报名，因此还没等进入正式竞标环节，安德鲁就被泼了一头冷水。

重新组建团队的时间所剩无几，何况这个庞大的项目也不是安德鲁擅长的领域，所以没有人想到，安德鲁会在这一次的挫折之后昂起头来，而他几乎没有任何停歇，在 1998 年 4 月 21 日这一天，画出了第一份图稿送去参赛。

他不知道，自己的名字从此成为一个焦点。

截至 7 月，首次参与评选的作品共有 44 幅。中外顶尖的建筑专家以及文艺领域的学者，组成 11 人的评委组，并以两院院士吴良镛为组长，对这些作品一一审核。然而，这一次的结果很让大家失望，来自中外各大设计院的作品，竟没有一幅能够进入评委们的法眼。

这并不是评委们刻意挑剔。

国家大剧院是原址修建，也就是位于人民大会堂的西面。这里距离天安门仅有几百米远，不只是北京的中心位置，更是全国的心脏。不客气地说，如果在这个地方修出的建筑失败了，恐怕就要面临十几亿人的口诛笔伐，谁也不敢掉以轻心。

最后，仅有5件作品获得了半数以上评委的认可，其中包括安德鲁的初稿。

然而，安德鲁对自己的这件作品并不认可。“国家大剧院”初稿是他从事设计以来画出的第一座长方形建筑，但这是他为了迎合选址位置狭小的空间不得不做出的一种妥协。刚劲有力的棱角，让这座未来的剧院和周围的建筑显得十分和谐，却也失去了自己的个性。

尽管如此，安德鲁也只能在此基础上做出微调，仍以紧凑的长方形建筑参加了第二轮评选。这一次，除了第一轮通过的5件作品，又邀请了其他一些设计院参加，最终还是选出5件优胜的方案，而安德鲁再次入选。

可这并没有让他和他的团队感到一丝轻松。相反，对于评委们而言，所有作品都很平庸，安德鲁不过是“矮子里的将军”而已。即使对于胜出的方案，专家们也是各执己见，安德鲁的方案与另一套英国方案相比，各自都有值得支持的优点，却也都有着明显不足。

1998年11月，大剧院设计方案的评选结束，评选报告被送往国务院审核。评委们陆续离开，安德鲁也只能等候最终的结果。闲等不是办法，他便离开中国前往日本，并留下了日本合伙人的电话，因为他担心自己的号码在日本无法正常使用，错过中国的重要电话。

到达日本的第二天夜里，电话就打来了，他满怀激动地接了电话。这一次，他收到了一个好消息和一个坏消息——坏消息是，他落选了；而好消息是，没有人入选，所以仍然还有机会。

安德鲁很沮丧，再也睡不着觉。在度过了麻木的一周之后，他神色焦虑，胡子拉碴，以近乎于“灵魂出窍”的状态回到了法国，回到了他设计生涯的起点之作，于是有了开头的那一幕。

他丝毫没有驻足欣赏，只想赶紧回到家中躲起来，这样就不用面对任何人的责问。

冷静之后，他觉得放弃项目或许是最好的选择，因为他甚至都拿不出一幅让自己满意的作品，又怎么可能让亿万中国人满意？1999 年初，他再次来到中国，并传达了自己的想法。但是，此时的项目投标已经不是他一个人的事了，放弃项目，不仅他的团队不会同意，就连法国驻华大使都出面劝说——不战而退，这关乎到法兰西的颜面。

他只好拖着疲惫的身躯又回到法国，寻找久违的设计灵感。

机场、地铁站、卢浮宫、巴黎歌剧院……每一种设计元素都让他心动又失望。最后，他决定前往一位画家友人家中拜访，以平缓自己矛盾的心情。

安德鲁酷爱绘画艺术，这与他的设计工作十分相像。事实上，在他设计的一些建筑中，就陈列了他自己的绘画作品。不过这一次，安德鲁不为切磋画技，纯粹只是想换个环境。

国家大剧院是一座顶级视听享受的剧院，也是代表中国文化的剧院，还是位于中国北京的剧院，这是对项目设计的终极要求。项目组还传达了中方高层的意思，其他条条框框，全部都要打破！

在朋友那里，他回忆起自己所有的作品。

位于阿拉伯联合酋长国的阿布扎比机场，是安德鲁早年间完成的一项设计。在讨论方案的时候，他向一位部长介绍了不同的方案，并建议这位完全不懂建筑的老兄选择保守的那一种，因为那将是一座在沙漠中十分实用的机场。但是部长傲慢地打断了他，“如果和其他机场一样，又怎么能代表阿布扎比呢？”于是，阿布扎比机场选择了更激进的方案，它的现代化程度领先时代数十年，游客们甚至把机场当作了景点，纷纷围着巨大的花瓣造型照相。鲜有人知的是，阿布扎比也是世界上第一个使用钛合金的机场，整体结构与屋顶，共使用钛材 800 吨。

他又想起自己在大阪的经历，因为设计关西机场的缘故，他获得大阪市邀请，建设一座能够代表“法日友好”的地标建筑，这才有了前面提到的大阪海事博物馆。虽然只是海水中的一座小建筑，可它却是很难建造的半球形大楼，通体由玻璃覆盖，光线可以从任何角落照进博物馆。更为独特的是，水面上看不到一扇门，游客们需要从水下穿过一段走廊，才能进入建筑物内部。

水、光、半球形……安德鲁突然觉得，这才是他想要的效果，而那条长长的走廊，不正是悉尼歌剧院的设计者、丹麦建筑师约恩·乌松（Jøhn Utzon）所说的——进入歌剧院时，一定要有"某种仪式感"？

某种意义上说，大阪海面上漂浮的"蛋"还只是一件实验品。它的落成，让安德鲁明白这种独特类型的建筑是可行的。但是它也有着无尽的遗憾——半熟的工艺，单一的功能，缩水的尺寸，让它完全承载不起文化纽带的效果，就连人气都显得有些寒酸，惊为天人的设计不过落得个门庭冷落。

"凄凄凉凉的日本！"安德鲁感叹道。

或许只有中国最核心的位置，才会需要这样一座建筑。安德鲁想把这一构思搬到天安门附近，却又担心这一设计与周围建筑风格反差太大，没有中国味儿，会遭到中方项目组的拒绝。

"国家大剧院有中国味道吗？有！因为它只能在中国建造起来。"借鉴了阿布扎比机场项目的经验，他想出了这一申辩理由。

图 5-2　大阪海事博物馆是一座并没有完整展现建筑师构思的作品

于是，他根据大阪海事博物馆的创意，设计出了一座半椭球型的巨型建筑，长轴 226 米，短轴 146 米，高 46 米，地下深挖 40 米，建筑由一汪 3.6 万平方米的人工湖包围，观众需要先从湖下穿过百米走廊才能进入剧院内部。很明显，这是一个后现代的设计理念。

出乎意料的是，当他的方案辗转送到中国国务院之后，还没等他动用那句想好的理由，就在 1999 年 7 月获得通过。

听闻这个消息，他和他的法兰西都沉浸在难以抑制的兴奋中，然而真正的麻烦才刚刚开始。

安德鲁的新方案，的确是梦幻一般，可是它真的实用吗？此前作为评委组长的吴良镛院士，与另外 48 名专家联名上书，质疑这一方案中的隐患，不少人直截了当地说，这就是“形式主义”。

在不断的质疑声中，安德鲁又将方案的细节进一步完善。

比如华人建筑设计大师贝聿铭就表示担心，站在天安门的位置，看到一座球形建筑大概会很突兀。而在修改稿中，安德鲁也增加了绿荫面积，穹顶在其中若隐若现，减弱了视觉冲击。而在近处，因为人工湖水面的倒影，视觉效果也会放大一倍，半球形的建筑物看上去就是一颗完整的“巨蛋”。

实际上，在设计之初，安德鲁早已做出了一些重大修正。大阪的那座建筑，虽然采光效果一流，可是玻璃穹顶的清洗也成了难题，这比垂直面的玻璃幕墙还要困难。通常来说，这需要由训练有素的“蜘蛛人”来完成，但是这么危险的职业，在安德鲁看来是不人道的。更不必说，完全的玻璃建筑，其节能性也是备受质疑，室内需要大量设备调节温度。

作为改进，国家大剧院的巨大穹顶实际上由三部分组成，只有中间一小部分由玻璃幕墙覆盖，两侧却是由金属板铺就。这金属不是别的元素，正是那个上天入地无所不能的钛——安德鲁早在阿布扎比就已经尝试过它。

钛板用作屋顶的优点很多。密度小、强度高，所以钛屋顶既不会造成整体结构过重，又能够耐受各种应力。整个大剧院的穹顶一共使用了近两万块钛板，覆盖三万多平方米，但总重也才160吨。

钛板的耐腐蚀性可以令它长期保持金属光泽，不惧酸雨或其他污染物，通过表面处理之后，它还有一定的自洁作用。通常，玻璃幕墙需要一两个月刷洗一次，而钛板却可以保持半年不必清理，即便脏了，冲洗之后又会容光焕发。

不良的导热性在此时也成了优点，阳光大多会被钛板反射，自然也就节能了。

其实，国家大剧院内部主要有三座厅，分别是歌剧厅、音乐厅和戏剧厅，它们都有自己的屋顶。所以，一座巨大的穹顶并没有实际价值。然而，安德鲁却坚持认为，这一设计的精髓就在于穹顶，这也再次招来了一阵非议。

在嘈杂声中，安德鲁说，当年贝聿铭在卢浮宫前盖起一座玻璃金字塔时，全法国的人都反对。但是多年之后，那座金字塔已经成为卢浮宫的新的象征，要是有人想要拆掉它，恐怕全法国的人都不会同意。他不认为讨论未来有什么意义，但是一座建筑如果不能预示未来，只是一味地模仿传统，那么它一定是失败的。所以他相信，二十年后，人们再来看这座剧院，观点也会发生很大的改变。

他的这个看法还是过谦了。

由于大剧院的穹顶是弧形结构，而非规整的平面结构，因此，几乎所有的钛板形状都是不一样的，这对加工工艺的要求十分苛刻。此前，中国虽是个产钛大国，加工技术却一直处于二流水平。为了提供合格的钛板，供应商们也像赶鸭子上架一般，想方设法提升钛合金的性能，这才有了后来飞天探海的底气。

有了大剧院的成功示范，钛合金在建筑上的应用也越来越普遍。实际上，就在钛合金方案刚刚确定之后，杭州大剧院的设计方也借鉴了这一做法，并且因为较短的工期先于国家大剧院完工，杭州大剧院成为中国第一座使用钛合金结构的建筑。

精湛的加工技艺也让钛合金具备了景观价值。钛合金表面具有保护性的氧化膜，通过改变条件可以调节其中的化学结构，从而在阳光下反射出不同的色彩，而且不会脱落，比油漆更持久。不少城市的广场雕塑如今都用上了钛合金，比如盛产钛合金的陕西宝鸡。甚至随着规模化生产带来的成本下降，如今的一般家庭装修中，使用钛合金门窗也已经成为一种时尚。

不得不说，国家大剧院在中国掀起了一场钛合金革命，这是安德鲁自己也没有想到的，但他曾经说过的一句话——保护文化的唯一途径就是让它置于危险的境地——却预示了这一切。

钛被认为是承接铁和铝的第三金属，它的出现让铁和铝的地位变得有些尴尬，但它并不只是传统的破坏者，更是继承者。就像钢铁时代来临的时候，更古老的铜虽然退出了结构材料舞台，更多地应用于特殊场合，但是铜的文化符号反而更加强烈，这正是我们在《青铜时代》中探讨的现象。只不过，当人类向着未来前进之时，这个承载千年文化的重任，大概要由钛元素接力了。

但是安德鲁依旧处于争议的旋涡中心。从 2002 年起，国家大剧院进入正式施工阶段，对这一项目批评的声音丝毫没有减弱，还有愈演愈烈之势。两年后，安德鲁遭遇了人生中最黑暗的时刻，戴高乐 2 号航站楼 E 栋倒塌，造成 4 人死亡，舆论认为这是设计缺陷造成的，于是安德鲁陷入了无休止的司法诉讼之中。与此同时，中法两国各界人士陆续提出质疑，安德鲁团队是否在国家大剧院的招标过程中存在舞弊？最终的调查结果，虽然证明安德鲁在两件案子中都没有污点行为，但是六十多岁的他，不仅要在现场指挥大剧院的建设，还要不断奔走于两国之间，已经明显有些力不从心。

图 5–3　完工后的中国国家大剧院

2007 年，国家大剧院终于进入收尾阶段。9 月 5 日，安德鲁画下了最后一张设计图，此时距离他完成第一幅设计图，已经过去了九年五个月，剧院基本完工，等待三个月后召开的开业仪式。他自己也不记得这么多年中一共画了多少图，数千张总是有的，它们代表着无数创意，但是最终绝大部分都被淘汰，有一部分他留给了同时期建设的另一个项目——上海东方艺术中心。这座建筑两年前已经完工，同样成就了一座地标剧院。

当安德鲁作为第一批观众享受着国家大剧院第一场视听盛宴时，他感觉自己全身连骨髓都已经被掏空。第一次在报纸上看到招标消息时，他曾以为这会是一次新的征途，但是此时此刻，却不得不承认，中国国家大剧院将是自己的绝笔。

2019年2月8日，农历己亥年正月初四，中国人全都沉浸在传统春节的祥和气氛之中。晚上七点，国家大剧院灯火通明，三座剧场即将在半个小时后同时上演经典剧目，戏剧厅的节目更是有着上千年文化渊源的京剧《红娘》。驻足留念等候入场的观众，上至耄耋，下至总角，身着各色新衣，与大剧院穹顶内部的中式木纹装饰相映成趣。四位年轻的乐师，分别演奏着笛子、琵琶、古筝和二胡，合成一股悠扬的旋律，为大家暖场。

这一年，安德鲁的豪言壮语刚好过去了二十年，国人已经将大剧院作为文化娱乐的重要场所，并为之而骄傲——这座掩盖在钛合金屋瓦下的巨型岛屿，的确是中国独有，也代表着当代与未来。它并没有葬送传统，反而让数千年的文化绵延不绝，熠熠生辉。

只不过，斯人已逝，已经不可能再看到这一切了。2018年10月11日，保罗·安德鲁在法国去世，享年80岁，一代建筑巨匠从此陨落。他把一生都留给了建筑，如今这些建筑演奏着他的一生，而钛元素，大概就是他的建筑人生休止时那个惊艳的感叹号！

第四节

延万年

没有人可以不朽。

我们的身体甚至比名望消散得更快，就算是最坚硬的牙齿，当它们流落在自然界中，经过日晒雨淋和风化，一万年之后也早已不是原貌，而是变成化石了。所以，我们收集了很多尼安德特人的骨骼化石，却也只能据此大致推测他们的体格。

这个简单的自然法则，或许会在不久的将来被改写。一万年后，我们的后代很可能会获得今人身体的精确参数——不是通过文字影像资料，而是通过实物。只不过，这些实物也是由人工制造完成。

钛合金人造关节，如今已经成为广大残疾人及骨骼伤患病人的福音，用作假肢的连接件或替代人体原有的关节。这些钛合金有着出色的记忆功能和抗腐蚀性，就算它们依附的主人早已“尘归尘兮土归土”，它们却依然不朽。

2009年的一天，上海交通大学附属第九人民医院的戴尅戎教授与往常一样巡查病房，却被告知有一对内蒙古的母女不远千里，慕名找了过来。

戴教授是全国知名的骨科专家、中国工程院院士，经常会有各地疑难杂症患者找过来请他妙手收治，所以对此并不感到意外。但是，当他看到病人的时候，还是倒吸了一口气——这病情实在罕见。

患者是两人之中的女儿，只有十九岁，但是已经被疾病折磨了十八年。一岁时，她的左腿长出了一个良性肿瘤，虽然生命无虞，却因此压迫了骨骼发育，膝关节严重变形，小腿只能向后打弯。无法正常行走的她，只好单脚蹦，这一蹦就蹦到了现在。

简单查看病情后，戴教授提出了一条常规的治疗方案——截肢，并且对母女二人说，他可以保证换上假肢之后，女孩能够像常人一样行走。

他所言非虚，如今的假肢技术已是十分成熟。

1996年的亚特兰大残疾人奥运会上，来自美国的艾米·穆林斯（Aimee Mullins）打破了百米短跑和跳远两项纪录，震惊世人，她所使用的假肢也受到了极大关注。

穆林斯1975年降生在宾夕法尼亚州一个普通家庭，小腿先天没有腓骨，于是一周岁时，在医生的建议下，母亲带她进行了截肢手术，小腿以下全部切除。她的母亲没有让她坐轮椅，而是让她从小就开始使用假肢，于是穆林斯几乎将熟练使用假肢当成了本能，甚至可以驾着假肢滑雪。假肢结构十分简单，就是由塑料和木头打造，依靠羊毛减震。但是穆林斯对此并不在意，甚至拥有比常人更出色的运动天赋。有一次看到残疾人田径比赛时，她便技痒想要试一试短跑，没想到出色的体力竟让她一举夺魁，还打破了美国残疾人短跑纪录。

这一次的经历让她的人生出现了转折，不间断的短跑比赛邀约让她有条件进行专业的训练。不过很快她就发现，真正限制她发挥能力的，其实是自己那副如同高跷一般的假肢。有一次在比赛过程中，她甚至甩脱了自己的假肢摔落在地，这让她颜面尽失，差点从此放弃这项运动。

人的腿脚虽然不像上肢那样需要灵活地掌握各种动作，可就算是简单的站立、步行还有奔跑，依然是经过千万年自然选择才形成的功能，所以，原生的腿脚在很多方面都有着不可比拟的优势。原始部落时期，人类可以长时间双足奔跑而不知疲惫，就是靠着这样跑不死的能力，才得以长途奔袭，杀死各种猎物。一方面，这是因为人体的皮肤就像巨大的散热板，不停地靠出汗带走热量，不会因为长时间奔跑出现体温过高的问题；另一方面，当然就是腿部的独特构造了。

人腿是一个由肌肉、肌腱、骨骼、关节、神经等组织构成的复杂系统。研究表明，这么复杂的构造让人腿在奔走之时可以高效地运用能量。每一脚踩下去时，足底与地面的接触只有短短的 0.1 秒，但是就在这转瞬之间，身体的动能在腿部转化为势能，等到重新迈出这条腿时，腿部积蓄的势能又会重新爆发出来，转化为前进所需的动能。所以，仅仅依靠双足，人类就已经能够和很多四足动物抗衡，在速度榜上拥有一席之地，耐力更是名列前茅，不得不说精巧的腿脚结构功不可没。

可是一般的假肢使用起来就没有那么舒适了。比如常见的木头假肢，释放的能量只有吸收动能的三分之一乃至五分之一，所以它在运动过程中有如累赘，不仅费力，还很容易脱落。

于是，从 19 岁起，穆林斯便和很多运动员一样，开始了自己的“战靴”升级之路，只不过别人的战靴是一双鞋，而她的，却是小腿以下的全部。两年后，当她站在奥运赛场上时，脚下所踩的已经是一款名为“J”的运动假肢。

“J”的商品名称叫“印度豹”，是一种储能型假肢。这种假肢于 20 世纪 80 年代发明，是模仿印度豹后肢设计的一种产品。它的主体由轻质强韧的碳纤维打造，而连接处则是不易断裂的钛合金——没错，又是它！与传统假肢明显不同的是它的造型，为了提高运动性能，它没有被做成柱型，从侧面看上去倒像是英文字母“J”，这也是它外号的由来，而中国人更喜欢称其为“刀锋”，因为它看上去就像一把刀。根据测算，它可以将吸收能量的95%重新释放出来，所以穆林斯装上这款战靴，可谓如虎添翼。

在奥运会上取得佳绩之后，穆林斯又积极转型，投身于演艺和模特行业，走上舞台，而她有如“阿甘”（阿甘是著名影片《阿甘正传》中的主角。影片中的他天生残疾，智力低下，只能依靠矫正器行走。在一次意外的经历中，他开始“奔跑”，并且还成了一名橄榄球运动员，矫正器则在跑的过程中被丢弃。后来，他几乎参与了美国在“二战”后的每一件大事，如越战、水门事件、猫王走红等，生命不息奔跑不止的他，也成为银幕上一个永恒的形象）一样的励志经历也成了广泛流传的故事。

为了出席不同的场合，她准备了不下二十种不同的假肢，特别是用于走秀的款式，甚至连皮肤都仿造真皮，足可以假乱真。

当然，这些假肢的造价也是相当不菲。

这种造型的假肢，在2008年北京奥运会期间被中国人所熟知，当时，南非名将奥斯卡·皮斯托瑞斯（Oscar Pistorius）骑上一对改进款的刀锋（又名“猎豹”），横扫了残奥会上的男子100米、200米和400米金牌，更令人震惊的是，百米短跑纪录被他刷新到11秒17，绝大多数双腿健全的人也不如他跑得快。因此，他在四年后还参加了伦敦奥运会，成为奥运赛场上第一位双腿截肢的运动员。

这对“刀锋”，售价相当于20万元人民币。

所以，面对急切投医的母女俩，戴教授并没有打诳语，截肢是最现实的手段，再换上一只高品质的假肢，女孩就不用再这么蹦着走路了。

但是这个提议很快就被母女俩否决了。她们知道截肢是合理的治疗方案，但是一想到花费巨资治疗之后却还只能使用假肢，终究心有不甘，希望戴教授能帮助女孩，让她用自己原生的腿脚踩在地上。

这个要求令戴教授十分犯难。他重新分析病情，在犹豫了一阵之后，提出了一个冒险的方案——手术切除肿瘤，然后在体内植入新的人造膝关节。

即便是经验丰富的戴教授及其团队，对于这套方案也没有十足的把握，女孩的这种情况是他从未见过的，无论采取何种手段检查，他都不能确定究竟是什么原因造成了腿部顽疾，更甭提确定具体的手术方式了。无奈之下，他不得不和母女俩事先谈好了备选方案：一旦手术中出现任何意外，必须立即安排截肢手术。

当然，在达成共识后，戴教授还是十分谨慎地研究着病情——他决定使用3D打印的方案来辅助治疗。

3D打印又叫三维打印，在科学中的术语其实是“增材制造”。通常，机械制造的原理是先建造模型，然后再将原型上多余的部分设法抠去，这样就形成最终的产品。因为成品是通过雕琢才形成的，所以这个过程也被称为“减材制造”。顾名思义，“增材制造”的原理与之相反，哪里需要，就往哪里加料，如同神话中的“神笔马良”一样，凭空就能制造出各种物品。

最常见的增材制造和打印的原理一模一样，核心设备上也有一个喷头，而喷头连接的，就是制造产品所需的材料。当喷头喷出这些材料之后，它们很快就会凝固。喷头一层又一层地喷射，材料凝固的厚度也越来越高，最终便可以得到成品。常规的打印方法，成品是二维的印刷品，但增材制造打印出来的，却是三维的物品，故而被称为三维打印。

不难看出，相比于减材制造，3D打印的优势还是非常明显的。它不需要建造模具，只要编辑程序就能“打印”出最终成品，十分便携。对于艺术设计而言，若是制作一具20厘米高的小型雕塑，减材制造的方法往往需要好几天，但是3D打印却可以在一两个小时内就完成。更为重要的是，它几乎不会浪费制造材料，大大节约了生产成本。

在骨科医疗方案的设计中，3D打印也有着非凡的价值。每个人的骨骼都不相同，手术也必须根据实际情况采取个性化定制。对于罕见病症来说，“个性化”意味着只有一次试错的机会，一旦出现问题，轻则截肢，重则会造成生命危险，这也正是戴教授所担心的。

如果事先在体外将骨骼的模型制造出来，特别是还原出伤病所在的具体位置，不就可以在体外预先尝试治疗方案了吗？这在过去并不容易实现，因为要想把骨骼的模型制作出来，若是用减材制造的方法，只能取石膏雕琢模拟，不仅费时费力，还不能保证成功率，对于需要紧急救治的伤员，根本不可能等待这个过程。但是3D打印却可以避免这些问题，用X射线扫描出骨骼形状之后，只需要计算机建模，就可以很快打印出与病人一模一样的骨骼模型。

有了这一手段，戴教授在手术开始前就确定了尺寸合适的钛合金关节，以供手术时植入。

早在1978年的一次讲座中，当他听说了适用于航天航空的钛合金，戴教授就敏锐地意识到，对于骨骼置换来说，钛合金可以说是最合适的选择。作为一种记忆合金，它在植入后不容易发生永久形变，而且强度足以承受一般的运动应力，也不会被身体组织腐蚀。更重要的是，经过更详细地调查后他还发现，这种金属不容易造成排异反应。

众所周知，身体的免疫系统会在有异物侵入时启动。最为常见的现象莫过于当细菌进入血液时，血液中的白细胞就会吞噬这些细菌，从而保护机体的健康。这个过程很可能会造成体温上升，所以受到细菌感染后往往伴随发热现象，实则是免疫系统发挥了作用。不过，这种保护机制在异体移植的时候，就成了一个棘手的问题。无论是移植什么器官，都有可能形成排异反应，这不只会造成发烧，生命都会因此遭受威胁。人造器官同样也会面临这个问题，所以植入人体之前，最重要的检测项目之一就是生物相容性，也就是判断所使用的材料与生物组织接触时有什么影响。在众多材料中，钛合金的生物相容性可谓是出类拔萃，绝大多数人在体内植入由钛合金制造的骨骼，都不会出现明显的排异反应。

得益于戴教授的悉心准备，手术做得很成功，新换的人造关节与女孩的腿骨匹配得非常好，仅仅过去一个月，女孩就能在拐杖的协助下双足行走站立了。不到一年，她连拐杖都不再需要，丝毫看不出她曾是个面临截肢的病人。

这是令戴教授十分欣慰的结果，但还不是最完美的。多年的从医经验，让他目睹太多的遗憾。就拿人造膝关节来说，批量生产的只有那么几种尺寸。这就跟买鞋一样，如果可供挑选的鞋码数太少，那么对很多人来说，买到的鞋非大即小，穿起来自然不会太舒适。对于骨关节而言，如果大小不吻合，那么就不只是硌脚的问题了。

基于此，戴教授开始思考另一个问题：如果直接用3D打印的方法来加工骨骼，精确地设计每一处细节，不就可以实现个性化定制了吗？

3D打印技术也有缺点，其中之一便是，能够使用的耗材十分有限，只有少数塑料和金属可以胜任。

所幸的是，钛合金便是其中一类适用的金属，只不过加工的方法有所差异。它并不是靠喷头打印，而是先在操作台上铺上钛粉，这时再用激光进行照射，被照射到的地方便会熔化，粉末也就因此凝结起来。钛合金不会燃烧，并且导热性不佳，不至于造成激光照射点周围的粉末一同熔化，这些优点也让它在激光作用之下，可以铸造出十分精密的零件。

于是，戴教授又开始了对新技术的探索，并在2014年购入了一台适用于钛合金的3D打印机。

很快这台机器就在临床中大展身手。次年3月，一名46岁的妇女从河南省寻来，她的腿已经疼痛了两年，受制于经济能力未能医治，如今实在熬不住了，这才决定投医。

一检查戴教授就惊出一身冷汗，这看似简单的病症，实则是由一个凶险的恶性骨肿瘤所致，而且这肿瘤偏偏长在骨盆上，此时已经扩张到大半个骨盆，若只是切除，病人很可能就要因此面临截瘫的境地。

这一次，他决定启用自己新买不久的 3D 金属打印机。在他安排手术切除的时候，打印机也开始工作，大约 20 个小时后，一只与病人原生骨盆一模一样的人造钛合金骨盆便送到了他的办公桌上，成本也在可以接受的范围内。看到了它，81 岁高龄的戴教授总算吃下定心丸，他知道自己此次出征有了一件趁手的兵器。

手术开始四小时后，他将这只钛合金骨盆植入了病人体内，整个过程异常顺利。三个星期后，病人就可以自如行走了。

投身医学六十余年，戴教授不断摸索着新型的治疗方法，钛合金已经成为他不可或缺的忠实伙伴。

如今，人造钛合金器官已经相当普及，每年都有数百吨钛被用于加工各类手术所需的植入体，而 3D 打印又使得它可以应用在更特殊的场合，甚至不只是人类的手术中。

2016 年 5 月，正是动物们发情交配的高峰期，为了争夺配偶，很多动物都争得不可开交，而广州动物园里也是一片嘈杂。不料想，一只丹顶鹤在争风吃醋时把上喙给撅折了。动物园采取了复位治疗，却不幸出现了感染，上喙彻底坏死。要是这样下去，用不了多久丹顶鹤就会死去。

于是动物园为这只丹顶鹤遍寻良医，终于在一家动物医院听到了好消息——他们可以尝试为受伤的丹顶鹤打印一只钛合金长喙。

采用钛合金 3D 打印技术给动物安装人造假体，这在中国还是首例。7 月 10 日，这台给丹顶鹤换嘴的手术如期开展，并获得成功——有了这只坚硬的钛合金鸟喙，怕是再也没有情敌敢和这只丹顶鹤打架了。

不过，当换骨成为一种寻常的医疗手段后，不少人也开始担心起伦理问题来：如果有朝一日我们可以将全身的骨骼全部替换成人造的，那么还是原来的那个人吗？进一步说，如果人造器官可以让人类的能力更强大，那么会不会有人会因此去改造身体呢？

这并非杞人忧天，也不是只在科幻电影中才可能出现的场景。

当皮斯托瑞斯出现在伦敦奥运会的赛场上时，观众们只是感慨他的身残志坚，可是当他在 400 米短跑小组赛中力压群雄进入半决赛后，更多人开始猜测：刀锋假肢究竟给他带来了什么？

实际上，因为腿部的重量被替换成更轻质的碳纤维，所以皮斯托瑞斯比常人迈步的速度反而更快，并且根据牛顿定律，他加速所需的力量也比常人降低了 20%，而假肢特殊的造型获得的反作用力却是人腿的三倍，不管从哪个角度来说，这都有违公平竞赛的原则。基于此，国际奥委会也是颇为头疼，这比兴奋剂的管制问题更为棘手。

但是，不管人类是否已经做好了准备，植入性人造器官的时代已经离我们越来越近。它会让人类的未来更加美好，还是会将人类带入深渊？这些都不重要。重要的是，我们需要坦然面对，不能逃避。亿万年后，如果那时还有人类的话，他们至少还可以握着祖先们遗留下来的钛合金关节说上一句：“啊，就是它们让人类文明绵延不息！”

千万年以来，我们经历过黄金之劫，那曾是人类血液中流淌的野蛮；我们创造了青铜时代，散落四海的器物让现代人都折服于那灿烂的文明；我们回忆着硅元素记录的故事，一张巨幅长卷直到现在还在继续书写不止；我们正在虚度高碳的生活，却也比过去几千年更加注重对生态环境的保护。如今，当我们开始畅想未来，用钛元素装点梦想，这份豪情也只有后人才能替我们撰写——我们所要做的只是勇敢地走下去。

如果可以再悠闲一些，倒是不妨听上一曲《元素和弦》，欣赏交织跳动的元素，品一品那古典的大师风范。

第六章

元素和弦

／

Chord of Elements

科学家不是依赖于个人的思想，而是综合了几千人的智慧。

——欧内斯特·卢瑟福

序曲

1875 年 3 月，法国古典音乐家乔治·比才（Georges Bizot）的歌剧代表作《卡门》在巴黎被搬上舞台。早在幼年时期，比才就展现出惊人的音乐天赋，却一直对自己的作品题材不够满意——他坚信自己的使命就是创作一部伟大的作品，而这样的作品非《卡门》莫属。

然而，《卡门》的首演却反响平平，这让比才失望至极。心高气傲的他经受不了这样的打击，加上自己原有的顽疾，仅仅三个月后，这位天才作曲家在巴黎郊区与世长辞，年仅 37 岁。

他的确创作了一部宏伟而不朽的经典——歌剧《卡门》取材于同名现实主义小说，入木三分的人物刻画以及气势磅礴的旋律让这部剧在全世界范围内被不断重演，早已成为一个文化符号——但这都是比才去世之后的事了，他并没有活着看到这一天。

舞台与旋律的融合，科技与和弦的碰撞，将19世纪欧洲的古典音乐推向高峰。就在同年10月，又一部大戏在巴黎首演，只不过这一次的剧场搬到了法国科学院，而演出者也换成了一群科学家。与《卡门》首演形成鲜明对比的是，这场演出大获成功并改写了世界科学史，而“剧作家”门捷列夫却身在千里之外的圣彼得堡运筹帷幄。当然，他也是科学家而非音乐家。

《元素和弦》的篇章，便是从这次首演开始。

第一乐章　谜题

早在首演的六年前，门捷列夫就已经在一堆格子中写下了这些“五线谱”，但没有人认为他的作品可以被称为“作品”，就连他的导师都不能理解，认为这个行为很荒唐，不务正业。

他的作品叫作“元素周期表”，其中的“音符”则是一些被称为元素符号的拉丁文。门捷列夫认为，世界上所有化学元素都可以写在这块表格中，并演绎出美妙而和谐的旋律。

然而无声的旋律该如何演奏？关注这部作品的人本就不多，而这个问题更是让为数不多的信徒们也无所适从。

于是两年后的1871年，门捷列夫改进了他的作品，并在表格中留下四道谜题——他宣称，这个世界上有四种未知的化学元素，它们就像是打开八音盒的钥匙，这些谜题就是按图索骥的工具，如果找到了这些新元素，就可以聆听这曲《元素和弦》了。

法国科学院的首演，便是在这样的背景下进行的。

这真是一次闻所未闻的演出——未知的化学元素居然也能预测？门捷列夫在搞什么花样？

就在他首次推出元素周期表之前，欧洲化学界刚刚经历了一段新元素不断被发现的高峰期，到 1869 年时，已经被确认的化学元素达到了 63 种（实为 62 种，有一种“锚”元素其实是稀土元素的混合物，而非单质）。不过相比于如今已经发现的 118 种元素，很显然在当时还有一些元素并没有被人发现，而传统方法却已经很难再发现新元素了。

这 63 种化学元素便是门捷列夫用来谱曲的音符。然而，当他用它们谱曲时，却敏锐地察觉到有一些音符之间并不和谐，旋律呈现跳跃感。据此他推测在这些跳跃的音符之间，一定还有新的元素正等着被发现，于是他为这些新元素留下了空白的格子。

他并非是第一个注意到这个问题的人，但他却是第一个尝试对这些空白元素进行预测的人，而预测的依据就是他对元素周期律的自信。

如同音乐中的乐理一样，元素周期律就是描述元素变化的规律。乐谱中的“do-re-mi”根据音调高低进行排列，并且每十二个音高会构成一个周期。与此类似，不同化学元素之间的变化也存在着某种递进规律，并同样呈现出周期性，

ОПЫТЪ СИСТЕМЫ ЭЛЕМЕНТОВЪ.

ОСНОВАННОЙ НА ИХЪ АТОМНОМЪ ВѢСѢ И ХИМИЧЕСКОМЪ СХОДСТВѢ.

			Ti=50	Zr=90	?=180.
			V=51	Nb=94	Ta=182.
			Cr=52	Mo=96	W=186.
			Mn=55	Rh=104,4	Pt=197,4.
			Fe=56	Rn=104,4	Ir=198.
			Ni=Co=59	Pl=106,6	Os=199.
H=1			Cu=63,4	Ag=108	Hg=200.
	Be=9,4	Mg=24	Zn=65,2	Cd=112	
	B=11	Al=27,4	?=68	Ur=116	Au=197?
	C=12	Si=28	?=70	Sn=118	
	N=14	P=31	As=75	Sb=122	Bi=210?
	O=16	S=32	Se=79,4	Te=128?	
	F=19	Cl=35,5	Br=80	I=127	
Li=7	Na=23	K=39	Rb=85,4	Cs=133	Tl=204.
		Ca=40	Sr=87,6	Ba=137	Pb=207.
		?=45	Ce=92		
		?Er=56	La=94		
		?Yt=60	Di=95		
		?In=75,6	Th=118?		

Д. Менделѣевъ

图 6–1　门捷列夫在元素周期表上留下谜题

这便是门捷列夫认定的元素周期律。

根据测算，他判断未来将会有四种新元素被发现，分别与铝、硼、硅、锰的化学性质相仿，据此他取名为类铝、类硼、类硅和类锰，并推测了它们的相对原子质量、比重、熔点等参数。这四种被预测的新元素，便是门捷列夫在他作品中埋下的谜语，发现这些新元素，当然就意味着解开了这些谜语，就能验证元素周期律是否正确，藏有元素和弦的八音盒不就被打开了吗？

巧合的是，对元素周期表进行改进的这一年，门捷列夫与《卡门》上演时的比才一样，也是 37 岁。然而他的运气甚至还不如比才，因为在此之后很长时间，这部作品一直无人问津，而他埋下的谜题，更像是在故弄玄虚。

不过看起来，门捷列夫本人对此并不介意，他十分确信自己的作品无与伦比，并不断进行微调，等待有心人去解开谜题。

静静地等待了四年，这场首演终于拉开大幕——法国科学院的布瓦博德朗（Lecoq de Boisbaubran）发现一种新元素，解开了四个谜题之一的“类铝”，并依据法国的旧名高卢将新元素命名为镓，测定了相关参数，元素周期律第一次得以被数据验证。然而这场首演并不完美，布瓦博德朗的确听到了元素的旋律，他测到的数据及性质与门捷列夫的预测基本吻合，甚至连门捷列夫“类铝将会由光谱发现”的论断都被说中了，只是音符还有一点刺耳——他测得镓的密度为 4.7 g/cm^3，与门捷列夫预测的 5.9 ～ 6.0 g/cm^3 相去甚远。

然而，门捷列夫对此却有着自己的看法。他给布瓦博德朗去了一封信，认为密度问题并非是自己预测出现了偏差，而是实验产品的纯度不够，希望布瓦博德朗重新提纯一下再测量。

布瓦博德朗对于这封信的内容不以为然，毕竟自己才是亲自完成元素周期律首演的那个人，门捷列夫没在现场，又如何能断定是演奏者弹错了而非自己的创作缺陷呢？

不过转念一想，他又有些不踏实了，既然其他预测都非常接近，单单密度差别这么大，确实显得很奇怪。本着对科学的不懈追求，他还是重新提纯了原料并测定——这一次的数据是 5.941 g/cm^3，奇迹般地落在了门捷列夫所预测的区间。

这下，不只是布瓦博德朗对门捷列夫佩服得五体投地，整个科学界都将目光聚焦到之前无人问津的这张“元素周期表”上。新元素的性质跟预测完美吻合，至少说明了两个问题：一是元素之间的确存在着周期性的规律；二是可以根据预测数据针对性地去寻找新元素。

在量子力学尚未建立起来的年代，大多数科学家并不相信元素之间会存在客观规律。近代化学脱胎于中世纪的炼金术，这种近乎于巫术的原始科学并不认为物质是理性而客观的，千百年来都在追寻一种所谓的“哲人石”，妄图借此实现点石成金的梦想（详见《炼金之路》一章）。显然这违背了基本的客观规律，但在门捷列夫生活的年代，不少人心里仍在嘀咕，这些元素是不是在某种未知力量的控制下产生，继而发生着化学反应？

此刻，门捷列夫终于揭示出这种“未知力量”，不过这力量并非来自神明，而是一种客观存在并可以被认知的规律——甚至，你还可以利用这种规律去探索你从未看到过的世界。

这一次预测奠定了化学的科学地位，就连恩格斯也对元素周期表赞赏有加，认为它足以与海王星的发现所媲美。

过誉了吗？还真没有。

发现海王星的历程也是科学史上的一段传奇。这颗曾被伽利略几次忽略的行星，直到1846年才真正被发现。但它被发现并非只是一次无意之举，而是由天文学家根据数学推算按图索骥得到的。这样的预测能够成功，不仅改变了太阳系的族谱，更树立了一套新型的科学观。

在文艺复兴时代早期，太多科学家尤其是天文学家遭受了社会迫害，科学进程也因此而放缓。本质上说，这是因为当时的科学还很弱小，至少不像神灵可以给世人传达一些“预言”，信科学并不比信上帝有更多好处，那谁还愿意信科学？但到了19世纪中期，科学终于蜕变了——它可以告诉你，在天空的某个角落里将可以找到一颗大行星，而你通过一支双筒望远镜果然就能发现这颗大行星的倩影；它还可以告诉你，在某一类矿石中可能存在着某种元素，并附送一份高清图像，比公安机关对嫌疑人的刻画还细致，而你通过分离筛选，果然就能找到“嫌疑对象”——这时候，在可以亲自试验真伪的科学与看不见的神灵之间，你会更相信谁的预言？

所以，门捷列夫的成功击碎了炼金术士们的最后幻想，科学家们完全掌控了化学元素，一切都不必再借助于“哲人石”。

布瓦博德朗成功破题，也让其他一些化学家跃跃欲试，毕竟门捷列夫一口气设置了四道谜题。

又是四年过去了。

1879年，欧洲大地依旧沉浸在古典音乐创作的高峰期，威廉·吉尔伯特（William Gilbert）与亚瑟·沙利文（Arthur Sullivan）创作了音乐剧《彭赞斯的海盗》，几十年后它也将成为一出《元素和弦》。不过对于门捷列夫而言，属于他自己的演出在这一年又拉开了序幕。

这一次新发现的元素是"类硼"，也就是学名叫作"钪"的金属，表演者则是来自瑞典的尼尔森（Lars Fredrik Nilson）——如果说布瓦博德朗是误打误撞验证了元素周期律，那么尼尔森的成功则完全称得上是向元素周期律的致敬了。

钪隶属于如今名满天下的稀土元素。这个家族共有17名成员，分别是钪、钇与镧系的15种元素，而钪则是元素序号最小的一个。这17种元素最大的特征是形影不离，在矿产中要么几乎找不到其中任何一种，要么它们集中在同一片地方，比如中国的白云鄂博，再比如瑞典。由于化学性质相仿、难以分离，故而这些元素被发现的时间普遍较晚，人们一度认为它们很稀少，所以称之为"稀土元素"，后来才发现并非如此；同时由于它们汇聚在瑞典"开会"，所以19世纪后期，当稀土研究的时尚开始席卷欧洲之时，瑞典化学家也在其中占尽地利。

尼尔森本人是元素周期律的忠实信徒。得益于瑞典在稀土研究方面的良好基础，他决定精确测量这些矿物的性质，以验证元素周期律。一次偶然的巧合，他分析了同为稀土元素的镱，发现其相对原子质量只有167.46，低于另一位化学家马利纳克（Galissard de Marignac）所测的172.5，这让他有些诧异，但熟悉元素周期律的他很快就意识到，这应该是有轻元素混在其中了。

经过不懈的提纯工作，尼尔森终于成功从中分离出了钪，并在好友克里夫（Per Teodor Cleve）的帮助下测定了它的性质。在他的论文中，尼尔森饱含深情地表达了对门捷列夫的敬意。这并不奇怪，门捷列夫对钪的预测十分精准，相对原子质量、密度以及酸碱性均与实际测定值十分接近，更让人感到不可思议的是，门捷列夫甚至预测到了“类硼”——也就是钪元素不会通过光谱发现，联想到此前他已经成功预测镓会通过光谱被发现，又一次命中结果，没有人再怀疑他研究出来的规律。

相比于前两次惊艳的演出，门捷列夫的第三个谜题被解开就显得有些平淡了，对于他无与伦比的推测能力，人们早已见怪不怪。

这一次轮到了“类硅”，德国分析化学家温克勒（Clemens Alexander Winkler）在1886年发现了它，并以祖国的名字命名其为“锗”。与尼尔森一样，他经过细致测量，证实锗元素与“类硅”几乎完美匹配，并向门捷列夫发去贺信。此时，距离门捷列夫首次提出谜题，已经过去了15年。

对于门捷列夫而言，这 15 年或许只是收到几封贺信而已，但对整个科学界而言，这却是极不平凡的 15 年。想想看，一直到 1897 年，英国人约瑟夫·汤姆生（Joseph John Thomson）才证实了电子的存在，而正确的原子结构模型更是又过了十余年才由卢瑟福提出。对现在的我们而言，已经知道了原子的微观结构，理解元素周期律并不难，但门捷列夫在提出这一规律时，别说是原子的结构，也许都没想过原子还可以继续分割，甚至同时代的很多科学家根本不相信原子是真实存在的。看不清物质的结构却要描述它，这不就是成语“盲人摸象”讽刺的现象吗？然而，门捷列夫这个“盲人”居然就真的摸出了“大象”的基本形态，甚至还算出这头“大象”的运动规律，推测它将何去何从——于是“盲人摸象”被生生地改成一出“隆中对”，也成了科学史上的一段佳话。

然而遗憾的是，门捷列夫首次提出的四大谜题，类铝、类硼和类硅相继被揭示，可是一直到他离世，也没能看到类锰的身影。

有了之前的多次经验，很少有人怀疑这是元素周期律出现了问题，大家都笃定在元素钼和钌之间，一定还存在着某个未被发现元素，相对原子质量在 99 左右，性质与锰相仿。不料自此之后几十年，所有的努力都付诸东流，发现类锰的报告倒是经常会出现，但无一例外全是误报，最令人灰心的是，常言道失败乃成功之母，可是对类锰的探索，每一次失败之后，带来的不过是另一次失败——难道真的是门捷列夫失手了？

消失的类锰也就是现在排在元素周期表中第 43 位的锝（Tc），元素周期表通常会用红色字体特别标出这一元素以示区别，只因它具有放射性。正是由于放射性作祟，才让无数科研才俊在探索类锰的道路上无功而返。

1937 年，门捷列夫已经辞世整整 30 年，桀骜的锝元素才通过人工合成方法得到，它也是由人工合成的第一种元素，其英文名称 Technetium 源于希腊语中的 Technetes，意指“人造”。担心门捷列夫出错的人们终于松了一口气：之所以找不到类锰，原来是因为地球上并不存在这种元素。不过寻锝的旅程中遇到了太多赝品，科学界也是一朝被蛇咬，十年怕井绳——整整十年之后，这一元素才被国际纯粹与应用化学联合会（IUPAC）所承认。

然而“地球上不存在锝”这一观点随后不久也被推翻了。由于半衰期不够长，最稳定的 Tc-98 同位素也只是区区 420 万年，相比于 46 亿岁的地球来说不过须臾，因此，地球诞生时的那些锝，的确早已消失得无影无踪。但是自然界的锝元素还有一种来源，那就是通过其他不稳定原子核衰变得到，通常会与铀、镭这些放射性元素做伴。正所谓，众里寻他千百度，蓦然回首，类锰却在射线阑珊处。

不过话说回来，类锰究竟能否被发现，这对门捷列夫本人而言并不重要，还有一个问题才真正令他操碎了心。

1906年，就在门捷列夫辞世的前一年，一生都献给元素周期律的他又一次开始制表，然而严谨的他再一次人为修改了数据。

事情还要从周期表中最后一列家族说起。19世纪末期，威廉·拉姆塞（William Ramsay）发现了惰性气体（也称稀有气体），元素周期表迎来一次大扩军。这当然是科学界之盛事，拉姆塞本人也因此获得了1904年的诺贝尔化学奖。

然而，当门捷列夫试图将这些新元素按周期律排入表内时，却遇到了大麻烦——氩元素的相对原子质量居然比钾元素更大！在当时的科技条件下，相对原子质量几乎是元素的特征指标，门捷列夫的周期表也是按照相对原子质量从小到大的顺序排列，这样的话，钾就应当排在氩之前。但是根据元素的特性，钾和11号的钠属于同一族，而氩和10号的氖是一家，那么钾就应当排在氩之后。门捷列夫看着这样的矛盾无可奈何，或许是出于自信，又或许是因为固执，他认为这一定是氩的原子量测定错了，不是40而是38，这样的话排在氯和钾之间就和谐了，后两种元素的原子量分别是

35.5 和 39。而这一次“修正”数据，已经是他此生中的第三次了——此前，他还改动了镍和碲的数据，同样是为了符合相对原子质量的升序。

不得不依靠修改数据来满足元素周期律，可以想象门捷列夫对此一定是心有不甘的。这就如同一名作曲家一样，虽然自己的作品听起来很美妙，却又不得不承认这样的旋律并不符合乐理。

其实就在同一时期，元素周期律的本质已经逐渐被揭开，门捷列夫这位“古典作曲家”只需要多想一步就会明白：错误的并不是旋律，而是乐理本身有些过时需要改进。

从字面意义上说，原子是指不可分割的最小微粒。然而当时汤姆生等人已经提出，原子也可以分割，那么此前以原子量为排序依据的做法就有待商榷了。打个比方，如果把原子比作孩子们排座次，门捷列夫排的时候，只能看到体重大小这一个参数，故而以此进行排序。但是进一步的研究发现，孩子们的生长发育和年龄的关系更重要，便主张按照出生日期排序。尽管体重和年龄之间存在关联，一般来说出生得越早，体重也会更大，但是也会有例外，而门捷列夫百思不得其解的问题，恰恰就是出于这些例外。

正如前面所说，归根到底的问题其实是门捷列夫的“乐理”还有缺陷，相对原子质量并非左右元素周期律的决定性因素，两者不过是高度相关而已。晚年的门捷列夫虽然依旧勤奋，却未能预判这一点，故而只能通过修改数据来让和弦变得悦耳。

正是思维上的这一点差别，成了元素周期律古典派与现代派之间难以逾越的鸿沟。门捷列夫是古典派的代表人物，但是在他之前早已是星光闪耀。

第二乐章　群星

前文说道，门捷列夫是原子理论步入现代科学之前的集大成者，虽未能有幸等到原子奥秘最终破译的那一天，却也已是踩在了许多“巨人”的肩膀之上，站在古典派的最高峰。因此，要想完整地欣赏这曲古典风格的元素和弦，我们也得听听其他作曲家不太成熟的作品。

元素周期律就如同是打开八音盒的那把钥匙，但你大概会觉得，八音盒的旋律有些单调。最传统的八音盒有 18 个音，复制不出钢琴那 88 个琴键的美感不足为奇，与曾侯乙编钟相比都差得远。音阶越丰富、旋律越饱满，和弦也会更悦耳，而化学元素这个“八音盒”，也经历了音符慢慢增加的过程。

如今，元素总数已经达到了 118 个，但是最初这个数字却只有可怜的 4 个，分别是水、土、气、火。两千多年前，亚里士多德试图用它们创作出一曲宇宙万物的奏鸣曲，不过仔细听来，这4个音符却没有一个在调儿上——是的，所谓的四大元素，其实都不是真正不可分割的元素，水、土、气是化合物或混合物，含有多种元素，本身就已经是“和弦”，至于火，不过是物质的激发状态罢了，更不是什么元素了。所以，在亚里士多德那个年代，由这四个不着调的音符弹奏出的元素交响乐，根本称不上是一首连贯的音乐，除非你相信鸡鸣狗吠之声也能与《命运交响曲》媲美。

尽管如此，这刺耳的“四和弦”长期以来却一直是物质世界的主旋律——这并不奇怪，因为没有新技术进行革新，多年前“四和弦”手机也曾是市场上的主流。在这两千多年里，人类发现新元素的脚步的确慢了些，但也并非一无所获，之所以不能对亚里士多德的四元素理论进行修正，根本的问题在于，没有人能够说清楚“元素”到底是什么。打个比方，如果音乐界都没弄清楚音调究竟是什么，古典音乐的高潮又将如何启动？

直到1803年，英国科学家约翰·道尔顿（John Dalton）提出了自己的“原子观”，并理性地定义了“元素”这个词。首先他认为，原子是构成世界万物的本源，是不可分割的最小单位，并且在化学反应过程中性质不会发生变化——这一点只能算是古希腊先贤德谟克利特[1]原子论的升级版；其次他又提出，大小和性质完全一样的原子可以被归为一种“元素”，并且每一种元素都具有自己特定的原子量。这第二条概念，其实就是他对元素的定义，就像人可以被分为不同民族一样，科学家们也可以套用这条依据来确定一种物质究竟能否被称为元素。为了纪念他对原子理论的巨大贡献，如今道尔顿这个名字干脆被用作原子量的单位（Da），而晚年的门捷列夫之所以对原子量的问题有着近乎执拗的洁癖，恐怕也是因为道尔顿的这一论断。

有了这个依据，似乎发现并确认元素的工作容易了很多——至少道尔顿自己是这么认为的，所以他摒弃了四元素说，兴致勃勃地编纂了一部包含 20 个元素的“正音谱”——然而其中有 6 个，后来都被科学发现证明并不符合他本人对元素的定义。更让人大跌眼镜的是，他认为原子量是特征参数，于是就罗列出各元素的原子量，可是除了将氢元素定义为 1 外，其他 19 个“元素”原子量居然没有一个是正确的，比如在他的笔记中，碳、氮、氧、磷、硫这些元素的原子量依次是 5、5、7、9、13（正确的数值依次为 12、14、16、31、32）……

---

1 Demokritos，公元前 5 世纪至前 4 世纪间古希腊哲学家、朴素唯物主义的代表人物，他认为世界万物都是由不可分割的原子组成。

不过话说回来，道尔顿的理论确实已经非常超前，毕竟连原子是否存在都是未知数，又如何能测出准确的原子量数值呢？

那么这位将“原子量”上升到评判标准的科学家，又为何会在原子量的问题上错得如此离谱呢？除了当时的技术局限以外，还有一层原因。从生平经历来看，道尔顿其实是个“化学哲学家”——他的代表作就叫《化学哲学新体系》——擅长理性思维的他，实验水平并不算高，还在观点中借用了不少二手实验数据。当然，对此我们也无法苛求太多，道尔顿是先天红绿色盲，做起化学实验多有不便；但也因为是他第一个发现了这种症状，所以红绿色盲又被称为道尔顿症。

化学历来就是一门重视实验的科学，但道尔顿的成功却说明，思想有时候比实验更重要。于是，他成功地搭好了戏台，为元素周期律的发现打下了最坚实的基础。

当然，如果不是因为政治风波，这顶桂冠说不定还真得被另一位大科学家拿下，他便是被称为近代化学之父的安托万·拉瓦锡（Antoine-Laurent de Lavoisier）。

出生于法国贵族之家的拉瓦锡是位高明的实验科学家，但在思想方面也毫不逊色，一生之中功勋卓著，推翻了所谓的燃素理论，更是建立了现代度量衡体系。但他的功绩不止于此，1789年，他又一次站了出来，推翻四元素理论并重新定义了“元素”，认为元素是指用化学方法不能再分解的物质。参照现代化学理论不难看出，拉瓦锡的定义指的其实是单质，而道尔顿则是在此概念上又进行了归纳，触及了元素的本质。

正如前面所说，元素与原子的关系，就如同是民族与个人的关系一样，元素是对原子的归类，这正是道尔顿建立的理论体系，直到今天还在被使用。道尔顿对元素的那些分类依据，就如同是说，民族划分应当根据风俗习惯进行，但是拉瓦锡此前的划分依据，更像是一种“纯正血统论”，这显然有悖于真实情况。正因为此，这位18世纪最擅长定量实验的化学家却没能用定量的方式去区分不同元素——在他罗列的元素表中，甚至还有光和热这样的元素。

他本来有机会循着自己的实验结果去改进这一切，但是突然爆发的法国大革命却打断了他的计划。此前，拉瓦锡承包了烟草等商品的税务工作，虽然并无证据表明他有徇私舞弊的行为，但是包税官的身份本就会引起革命者的反感。就在他提出“元素论”的同一年，法国国王路易十六提出增加税负，被激怒的底层劳动人民冲入巴士底狱。新的政府建立之后，拉瓦锡本已躲过一劫，在新的政府部门继续从事统一度量衡的工作，却被政敌让-保尔·马拉（Jean-Paul

Marat）穷追猛打。马拉是燃素理论的狂热支持者，但他发表的相关论文却遭到了拉瓦锡的反驳，于是到了法国大革命期间，他多次撰文批判拉瓦锡的学术工作，矛盾严重激化。1793 年，马拉遭刺杀身亡，他的追随者们将怒火全都发泄到了拉瓦锡身上，并在次年将他送上了断头台。

如果不是遭此劫难，谁也不知道拉瓦锡这颗百年难得一见的脑袋（法国数学家拉格朗日在拉瓦锡被执行死刑时曾说：砍下他的脑袋仅仅是一瞬间，可是一百年也未必能长出这一颗来），还能产生更深刻的思想，但这一切都只能是假设了。

事实上，与拉瓦锡同时代的很多科学家都已发现，化学反应中存在着奇妙的定比关系，并普遍采用了当量的概念。比如碳和氧气反应生成二氧化碳，三份重量的碳会消耗八份重量的氧气，那么如果碳的当量为 3，参与反应的氧气当量就是 8，这比例总是确定的，至于为什么会这样，却没人能够想通。

待到道尔顿提出原子的概念后，所有人的思维便一下子打开了，借助于这一概念可以解释很多问题，也就没人计较道尔顿本人收集的粗糙数据了。

没过几年，意大利科学家阿莫迪欧·阿伏伽德罗（Amedeo Avogadro）横空出世，又在原子的基础上提出了分子的概念。

实际上，有了分子概念之后，阿伏伽德罗更是进一步揭示出了化学反应的本质：所谓化学反应，就是不同分子的原子重新排列组合的过程，原子是反应过程中不变的最小单位，而分子则是保持化学性质的最小单位，这也从根本上奠定了化学这门学科的研究领域。于是，他的名字也因此而永载史册，在国际度量衡中，阿伏伽德罗常数是连接宏观世界与微观世界的桥梁。

不过直到近半个世纪后，阿伏伽德罗关于分子的这些理论才真正被科学界所接受，他本人也未能活着等到这一天。阻碍这一进程的，是当时的化学界泰斗——瑞典化学家贝采尼乌斯（Jons Jakob Berzelius）及其提出的电化二元论。

所谓电化二元论，是指原子之所以能够结合在一起，都是因为正负电性的相互作用，就好像冬日里常见的静电那样。阿伏伽德罗说原子可以构建成分子，可贝采尼乌斯却根本就不相信，氢气分子会由两个氢原子相互结合得到，两个相同的原子怎么会有正负电性的区别呢？就这样，虽然阿伏伽德罗掌握了真理，却没能赢得科学界的认可。其实贝采尼乌斯的思路也没有全错，只是思路过于简化，无法解释复杂的物质世界。

不过他对于原子理论的真正贡献，可远远不止这不成熟的电化二元论。

贝采尼乌斯是继拉瓦锡之后又一位定量测定的高手，所以当他接受原子理论之后，便致力于如何准确测定原子量的问题，一生共测出了超过两千种不同物质的分子量——尽管他不承认分子的存在，依然称之为“原子量”。正是这些精准的数据，才成就了后来门捷列夫们的丰功伟绩。

他测定的常用依据还是拉瓦锡时代的定比法则，但是在道尔顿原子量的基础上做出了重要改革，因为氧元素可以参与的化学反应更多，他便将氧的原子量定义为 100 并作为标线，接下来的工作就相对简单了。比如，碳和氧可以按照 3∶8 的比例反应，那么碳的原子量就是 37.5 的倍数或约数，并且只要数据足够多，就一定可以确定最终数字。

他还非常善于在工作中借鉴他人的理论与实验方法。法国科学家盖 - 吕萨克（Joseph Louis Gay-Lussac）发现，气体之间的反应存在着体积整数比关系，比如氢气与氧气发生化学反应时，体积比总是保持 2∶1。贝采尼乌斯在获悉这条定律后，很快便应用到了原子量的测定工作中。同样被借鉴的还有法国科学家杜隆（Pierre Louis Dulong）和珀替（Alexis Thrse Petit）提出的原子热容定律，即原子量与热容大致成正比，这条重要的定律正好可以完美解决原子定比的问题。

经过二十余年的努力，贝采尼乌斯确定了 49 种元素的原子量，还顺手发现了几种新元素，并开创性地制定了拉丁字母的元素符号，这如同是元素的标准编码，一直沿用至今。令人称奇的是，他所测定的原子量整数部分，与如今的数据几乎完全相同。

在此之后，又有一些科学家对元素的原子量继续进行了修正。而阿伏伽德罗的分子假说在沉寂半个世纪后，他的同乡康尼查罗（Stanislao Cannizzaro）又重提此事，并依此梳理了很多测量数据间的矛盾，区分出原子量与分子量，从而也使原子—分子理论得到了科学界的一致认可。

至此，发现元素周期律的障碍已基本扫清——当音符的音阶都已确定之时，美妙的乐曲还会遥远吗？只要音阶精准，哪怕只有几个单调的音符，莫扎特这样优秀的音乐家也能够据此演绎出和谐的旋律，尽管只是像《小星星》那样简单。同样，优秀的化学家也善于从为数不多的元素中发现规律。

第一个发现规律的是德国化学家德贝莱纳（Joham Wolfgang Döbereiner）。在道尔顿提出原子论之后，很多科学家都投身原子量测定的工作，德贝莱纳也在其中。

不过在讲述德贝莱纳的事迹之前，我们还得先说说另一位大科学家汉弗莱·戴维（Humphry Davy）。他是电化学的缔造者，并借助电解实验发现了一个又一个新元素。戴维有个学生名叫迈克尔·法拉第（Michael Faraday），因为奠定了电磁学说，在化学领域也颇有成就，所以发现这些新元素的这些工作大多是由法拉第协助完成。戴维是法拉第的伯乐，在他看来，法拉第才是他这辈子最大的发现，然而随着法拉第的名气逐渐盖过他的老师，两人的关系也逐渐变得有些微妙。

对于现代人而言，戴维采用的电解实验并不复杂，最普通的干电池接上导线就可以将水电解成氢气和氧气。但在19世纪初，电池还是个新鲜事物——伏打电池才刚刚问世，而它的原理在《青铜时代》中已经有所提及。

借助这样的电池，戴维很快就发现了钠、钾、钙这些极为活泼的金属，而它们都不可能通过传统的化学方法寻获。随着这些金属单质被发现，元素的版图出现了重大变革，其独特的化学性质也丰富了科学家们的视野。正是看到了这些新元素，德贝莱纳隐隐约约察觉到了元素周期律的一丝线索。

对于这些新发现的元素，测定出它们准确的原子量，自然是一件相当时尚的科学工作，而德贝莱纳偏就是个时尚的科学家。

1819年，就在德贝莱纳把玩钙、锶、钡这三个元素的氧化物时，他突然发现，这三种氧化物的分子量（德贝莱纳也未能理解阿伏伽德罗的分子假说，因此原作中使用的也是“原子量”）居然排成了等差数列。他立刻联想到，如果三个数据都剔除氧原子的质量，那么原子量仍旧会是等差数列，并且这三种元素还都具有高度相似的化学性质！

这个意外的发现让他眼前一亮，不禁思考一个问题，会不会所有元素都可以排列成这样的三元素组？在这样的思想驱动下，他就像玩拼图游戏一样，力图将当时发现的五十余种元素都拼凑成这样的三元素组。然而直到十年后，他也只找出其中五组：锂钠钾、钙锶钡、磷砷锑、硫硒碲、氯溴碘，大部分元素仍旧被排除在这一规律之外。

即便如此，他的工作至少告诉世人，某些元素之间存在相似性，而且这并非只是巧合。所以，尽管他为化学元素谱写的曲子简单至极，但是却跟《小星星》那样经典流传，成功吸引了众多科学家的注意。

在探索元素周期律的征途中，并非只有化学家们独自在战斗。就在德贝莱纳提出三元素组后不久，德国的环境卫生学家佩滕科弗（Max Josef Pettenkofer）就利用自己的化学知识发现，其实三元素组还可以继续扩展，比如镁元素和钙锶钡就有很深的关联。尽管在变成四元素之后，原子量等差数列的规则不复存在，但佩滕科弗却更细致地提出，这些相似元素之间的原子量差值中都隐藏了一个神奇数字——比如钠比锂的原子量大 16，锶比钙则要大出 24（实际上锶的原子量比钙要大 48，还是因为当时缺乏分子概念，错将分子量为 2 的氢分子定标为 1，因此第二周期碱土金属的原子量全部因此缩小一半，而锂钠钾等碱金属的测量原理是杜隆—珀替定律，不存在这一问题），它们的差值都是 8 的倍数，其他元素组的差值也是如此。

紧接着，英国化学家格拉斯顿（John Hall Gladstone）又发现，还有更神奇的三元素组，它们的原子量之间没有等差数列关系，而是近似相等，比如钌铑钯、锇铱铂，它们的性质都很相近，后三种原子量近似为前三种的两倍（这六种元素均为贵金属，详见《炼金之路》一章）；除此以外甚至还有五元素组：铬、锰、铁、钴、镍，它们的性质也很相像，并且原子量也接近。

格拉斯顿发现的元素组与之前的三元素组有着本质区别，对照现代元素周期表就可以发现，无论德贝莱纳还是佩滕科弗，他们列举的元素组都处于同一竖排，也就是同族元素；而格拉斯顿列举的却处于同一横排，属于同周期元素。元素化学性质的变化趋势存在两个维度，同族或者同周期元素之间都存在关联，这对门捷列夫以及后来的量子科学家们都产生了深刻的启发，也让矩形元素周期表成为主流。

有了这么多人的努力，到了 19 世纪 60 年代时，不少化学家都已确信，元素之间很可能存在着某种联系，并且可以用图表展现出来。所以，短短的几年里就出现了很多版本的元素周期表，比如尚古多（Alexander-Émile Béguyer de Chancourtois）的螺旋周期表、奥德林（William Odling）的表格式周期表等。

几乎就在同一时间，英国化学家纽兰兹（John Alexander Reina Newlands）发现，当元素按照原子量进行排列时，序号相差 7 的元素（实际元素序号相差 8，但由于当时没有发现稀有气体，所以少了一列）都具有相似的性质，而这一特点正好与音律的高八度相仿，于是便将这一规律命名为八音律。

事实上，纽兰兹几乎已经打开了发现元素周期律的大门。只可惜，对于不守规矩的硼族元素，纽兰兹只是硬着头皮把它们塞了进去而已，至于内在关联，他却未曾细究。于是，他的作品不过是奥德林版本的简单升级，虽然已经初步揭示了元素和弦的音律，但听起来依旧很刺耳——后来，门捷列夫巧妙地设置了空白，并预测“类硼”和“类铝”的存在，才有了这部不朽的名作。

第三乐章　长河

化学领域在19世纪前后的星光闪耀，并非是突然的井喷，而是一场跨越了两千多年的物质之旅。早在亚里士多德生活的年代，哲学家们就开始对“物质是什么”的问题展开了冥想。亚里士多德的代表作《形而上学》中，第一篇就谈到了“四元素”的概念，也就是土、气（或风）、水、火这四种基本元素。和很多哲学议题一样，四元素论也并非是他的原创，在他之前，一位叫作恩培多克勒[1]的古希腊思想家已经阐述了对四种元素的基本认知，而这一观点也是建立在哲学先贤们在此前一两百年积淀下来的基础上。不过，通过进一步的思辨，亚里士多德最终将这一观点上升成哲学概

1　Empedocles，出生于西西里岛的古希腊哲学家，兴趣广泛，对医学、宇宙学、化学等领域的自然现象都提出了自己的见解，有不少观点直到现在仍然被采用，据说，他为了证明自己的见解，亲自跳入了火山口并遇难。

念，因此后世便将“四元素论”视为他的成果。

亚里士多德首先将元素定义为物质不可再分的组成部分，不难看出，后来拉瓦锡的定义与此也相去不远。然而，相似的评判标准却产生了截然不同的结果，亚里士多德据此只确认了四种“元素”，拉瓦锡却因此点亮了化学之光。

其实，亚里士多德又何尝没有发现，这所谓的四大元素与他的体系并不吻合——如果它们是不可再分的元素，那么为何会有不同味道的气体，又为何有不同特性的矿土？于是为了修复逻辑上的缺失，他又增加了一组概念，认为四种元素实际上是两对物理属性的承载体，也就是冷热与干湿。具体而言，纯粹的水是冷而湿的，土是冷而干的，气是热而湿的，火则是热而干的。不同物质之间之所以有差别，是其中所含的四种元素比例不同。有了这一修正之后，世界万物都可以视为不同元素的组合，之所以土会有黏土和干砂的区别，是因为它们都不是纯粹的土，而是掺入了一部分水，黏土掺的水多，而干砂掺的水少。

但这个说法仍然不够严谨，因为世人都知道水火不容，为此他又增加一条规则，即性质相对的两种元素不能直接组合在一起，换句话说，就是不存在只含有水火或是只含有气土的物质。

到了这里，有一个结论便呼之欲出了：要是调整四大元素的比例并组合在一起，不就可以随便创造各种物质了吗？点石成金不也就指日可待了吗？对此，他认为还是不行，因为除了四大元素以外，还有一种“以太”是我们看不见的，而以太是物质的本源，或者说是结合力，但是对于如何探索发现以太的问题，他也无能为力了。

总之，在用四大元素解释自然的时候，亚里士多德是按下葫芦起了瓢，为了填上一个坑就不得不再去挖个更大的坑。不过他或许也没想到，他所提出的以太，在后来的两千年里还是不断地被提起，每当科学家们看到一种新现象却又无法解释时，便会用“以太”这个词去代表隐藏力量。

尽管如此，漏洞百出的土气水火“四元素”理论，几乎构成了西方社会中世纪时期最基本的物质观，不仅被炼金术士奉之为圭臬，医学界也十分重视。实际上，亚里士多德有关冷热干湿的思想很大程度上就是借鉴了西方医学的祖师爷希波克拉底[1]。希波克拉底认为人体的体液也有“四元素”，分别是血液、黏液、黄胆汁和黑胆汁，它们分别对应着火、水、土、气四种元素，并在体内与心、脑、肝、胃这些器官一一对应。

---

1 Hippocrates，古希腊哲学家，出生于医学世家，继承了恩培多克勒的四元素理论，但是传世至今的著作，经考证有一部分被认为是其他人假托他的名号创作而成。

不仅如此，既然自然界的四大元素都有着各自的特性，那么据此不难推断，人的性格或气质一定也和这些体液有关。于是过了三百年后，古希腊（此时已经属于古罗马帝国）医师盖伦（Claudius Galenus，古罗马时期最著名的医师，一生中共编纂或撰写了五百多部医书，通过对动物尸体进行解剖而创立了原始的解剖学，虽有很多谬误，但不失为医学经典）便根据四体液说和亚里士多德的思想，进一步发展出“盖伦气质说”，认为这四种体液的多寡，会影响到一个人的性格特征，比方说血液比较多的人，就会表现出热情活泼的气质。

广义来说，这些说法虽然有些无厘头，却也是建立在物质基础之上。如今，我们知道，影响脾气的主要原因是身体内一些物质的分泌水平，的确也和一些体液有关。所以从这一点上看，受限于当时的研究水平，盖伦不可能从分子水平做出精确论述，但是他思考的方向并没有发生南辕北辙的错误。

然而四元素说在占星学方面的发展就有些脱离现实，甚至是不伦不类了。如今广为人知的十二星座，又叫黄道十二宫，所指的其实是位于黄道上的一些星座，太阳差不多每个月会经过其中一个星座，比如在七八月份时，太阳大约就位于狮子座的位置，所以这段时间出生的人，就被冠以狮子座的属性。实际上，黄道并非只穿越十二个星座，从天文学上说，应该还有黄道第十三宫——蛇夫座。

不仅如此，为了描述不同星座的特性，四元素说又发挥了作用，十二星座被分为四组，分别具有火、土、风、水的特征，每组元素都包含三个星座。比方说前面提到的狮子座，它就和白羊座以及射手座一道，被归为火象星座，属于这一元素星座的人，便具有热情火爆的性格。并且，亚里士多德的理论也被进一步发展，比如火象的狮子座和水象的双鱼座之间，要想产生爱情的火花就有些困难。

显而易见，这些说法不过只是用四元素说生搬硬套。不过话又说回来，虽然它们的科学性令人啼笑皆非，但也并非一无是处。十二星座已经构成现代生活中重要的社交方式，男女之间交往的时候，“星座不合”往往是体面分手的一个托辞。当然，也有不少人是真的相信这些理论，四元素论的深远影响可见一斑。

其实，对于中国人来说，四元素的说法终究还是有些陌生，因为中华文化中还使用了另一套相近的理论——五行。

“五行”这个词本身并无任何感情色彩，说的就只是太阳系的五大行星：金星、木星、水星、火星、土星（这一排序与自然界并无直接关系，它们与太阳距离由近及远依次为水星、金星、地球、火星、木星、土星）。在望远镜还没有被发明出来的时代，人们能够通过肉眼观察的太阳系行星主要也就是这五颗，虽说偶尔也能看到天王星，但它的公转角速度太慢很容易被忽略。

和西方人一样，在没有光污染的年代里，中国古代哲学家们也将星空作为冥想的对象，并且都认为星空是对人类社会活动的某种启发。不过略有不同的是：古希腊人用于占卜的黄道星座都是恒星，而中国人的五行却是行星。有一些说法认为，古希腊人擅长航海，星空就等同于灯塔，于是恒星之间的相对位置成了夜里判断方向的依据，因而重视观察恒星；而古代中国人勤于耕作，祈祷风调雨顺，运行轨迹“不规则”的行星、流星还有彗星都是被关注的对象，意味着不祥预兆，当然同样重要的还有日月食。

在中国传统文化中，金、木、水、火、土这五行其实就代表着五种基本元素，并且和亚里士多德的学说一样，不只限于元素的概念，也延伸到了生活中的方方面面。于是我们不难发现，生活中但凡能够和“五”这个数字拉上关系的事物，几乎都离不开五行的概念——比方说方位有五个，那么东、西、南、北、中分别对应着木、金、火、水、土；比方说脏器有五个（然而这个数字并不符合事实），那么心、肝、脾、肺、肾就分别对应着火、木、土、金、水；比方说颜色有五个（这个数字当然也很牵强），那么青、黄、赤、白、黑就分别对应着木、土、火、金、水；再比方说音律有五个（这只是其中一种律制），于是宫、商、角、徵、羽就分别对应着土、金、木、火、水……只要想找，中国的传统文化中可以找出很多这样的例子。在古代中国人看来，任何一个系统其实都是这五种基本元素相互作用的结果，如果它们之间失衡了，整个系统就会不和谐——所以，一点都不意外的是，五行概念还进一步影响了社会架构，甚至连朝代更替都是五行运转的结果。在这种环境下，个体当然也不能逃避五行的影响，甚至连取名的时候都要测算五行是否健全，鲁迅笔下的“闰土”就是因为五行缺土才有了这个名字。

相比于亚里士多德对四元素的演绎，五行的体系可要复杂得多，不仅各自拥有不同属性，彼此之间还存在相生相克的关联。比方说水，由金而生，可以生木，为土所克，又可以克火，就这样跟其他四行建立起了联系。从形式与哲理上讲，五行理论的结构自洽而完美，但对于客观世界而言，这样的简单划分究竟能够解决多少问题，这就需要打个问号了，尤其当“金木水火土”成了与物质无关的术语之后，这一理论就已经成了科学发展的桎梏。

不过，古代中国人的世界观也并非只是五行体系，尽管它的确占据统治地位长达两千多年。战国时期在它刚刚萌发的那个时代，就曾有位哲学家提出了中国版的“原子论”，他便是墨家学说的创立者墨子。

墨子认为，在我们生活的世界上，存在着最小不可分割的单位，也就是“端”，而这一思想与同时期古希腊哲学家德谟克利特的“原子论”不谋而合。但是如同墨子的其他学说一样，这一理论并未被世人所接受，相比之下，人们更乐于接受庄子的说法：“日取其半万世不竭”，也就是说，不存在极限不可分割的物质。从更广义的时空尺度看，庄子的理论也许是真理，与如今引领前沿的“弦理论”异曲同工。不过，墨子大概和编制元素周期表的门捷列夫更有共同语言——后者对于原子可分的说法一直持怀疑态度。

其实直到17世纪，中国人发现并识别的化学元素并不比西方人少，而且得益于曾经发达的炼丹术，很多化学反应都已被文献记载，甚至宋元时期，还有炼丹术士提出了原始的质量守恒定律。也正因此，当意大利传教士高一志[1]在1626年带着欧洲的“四元素说”第二次来到中国时，被翻译成“四行”的土气水火并没有引起当时大明帝国学术界的注意——其实不用多想，五行成了四行，数字上的减少就会给人倒退的错觉，又如何会有人相信呢？

1　又名王丰肃，意大利名 Alfonso Vagnone，曾先后两次来中国传教，并在山西逝世。

然而也是在这个时候，历史走到了十字路口，西方科学体系中从此多了一门化学，而中国却依旧笼罩在五行思想之中。

当然，现代元素理论突破“四元素说”枷锁的历程也并非一帆风顺，而是一场持续了近两百年的“独立战争”，最终科学成功地从神学及玄学中脱离出来。

1661年，英国化学家波义耳发表了“独立宣言”——《怀疑的化学家》，也正是这位“怀疑的化学家”，第一次公开质疑了亚里士多德的物质观，尤其是“四元素说”。不过，他的公开宣战只是打了个擦边球，书中并没有直接表达观点，而是像小说一样，塑造了几个角色相互辩论，其中代表理性的是一位“怀疑派化学家”，这便是他自己的化身。

为何他需要多此一举，借书中角色之口来隐晦地推翻原有体系呢？这就要说到当时的学术氛围了。

亚里士多德的学说经过多年的发展，尤其是被统治阶级与神职人员利用，早已成为中世纪时期最重要乃至唯一的世界观，挑战亚里士多德，就意味着挑战教会的权威。然而随着文艺复兴开启之后，“怀疑”成了一股新的推动力。在天文学界，有哥白尼提出了日心说，否定了原有的地心说；在医学界，帕拉塞尔苏斯严厉批判盖伦的理论，甚至在讲课前公然焚烧古罗马时期的医学经典……他们的叛逆惹恼了教会的权贵，不仅学术研究遭到阻挠，就连生命安全都难以保障。1600年，教廷甚至将支持日心说的布鲁诺活活烧死，就连名扬四海的伽利略也受到了严重迫害，他们直到1992年才得到罗马教皇的平反。

所以，波义耳也不敢明目张胆与教会做对。

严格来说，波义耳还算不上一位全职的化学家，他做的实验五花八门，诸多成就中最著名的“波义耳定律”也并非化学反应。当然，当他以怀疑的化学家自居之后，就成了史上第一位化学家了。与当时众多科学家一样，神学也是波义耳研究生涯中的重要篇章。如今，我们无从考证他对神学的真实想法，但可以肯定，在当时的环境下，如果没有神学领域的造诣，如果不在口头上承认自己的学说都是上帝的启示，他也不可能成为英国皇家学会会长，更别说揭示这些伟大发现了。

所以于情于理，波义耳也不可能公然挑战“四元素说”，只好采用迂回的方式。不过这并不能说明他是软骨头，正所谓枪杆子里出真知，他虽然宣布开战，却还少一把趁手的武器——如果四元素说不正确，那么究竟什么物质才是元素，元素又有多少种？对此他无能为力。当时能够识别出来的化学元素只有15种，而波义耳本人研究了一生的空气，他都

THE
SCEPTICAL CHYMIST:
OR
CHYMICO-PHYSICAL
Doubts & Paradoxes,
Touching the
SPAGYRIST'S PRINCIPLES
Commonly call'd
HYPOSTATICAL,
As they are wont to be Propos'd and
Defended by the Generality of
ALCHYMISTS.
Whereunto is præmis'd Part of another Diſcourſe
relating to the ſame Subject.

BY
The Honourable *ROBERT BOYLE*, Eſq;

LONDON,
Printed by *J. Cadwell* for *J. Crooke*, and are to be
Sold at the *Ship* in St. *Paul's* Church-Yard.
MDCLXI.

图6-2 《怀疑的化学家》（手稿）

不知道那竟然是混合物。因此，要想对四元素说全面宣战，对于 17 世纪的科学家们来说为时尚早。

一百多年后，情况可就大不相同了。此时的化学学科尽管还不能完全脱离炼金术的阴影，却已经在不知不觉中，加入了很多生力军，而拉瓦锡等人就是其中的领袖。

此时的双方陷入了拉锯战。新时代的化学家们虽然旗帜鲜明地反对四元素说，但是新的理论依旧不健全，就连拉瓦锡本人也不是很确信，元素之间会存在着客观的规律。

直到门捷列夫奠定胜局，跨越两百多年的硝烟才渐渐散去，距离四元素说奠定的时期，更是已经绵延了两千多年。

很容易想明白的一点是，四元素说之所以能够有这么大的影响力，其实是因为这种学说建立起了一种观念，即物质世界统一而和谐。无论是教廷还是无神论者，都很乐意接受这样的概念：宗教徒笃定上帝创造的世界是完美的，而无神论者则认为世界是有规律可以被认知的——土、气、水、火虽然单调，但是经过多年的修修补补，看起来还挺自洽，所以能够被所有人接受。然而在元素周期律被发现之前，碳、氢、氧、氮等实在不具备解释世界内在联系的能力，这也造成早期化学的发展举步维艰，因为它们看起来还不如四元素理论。直到门捷列夫的理论被证实后，这些杂乱无章的音符才组成了一曲美妙的乐章，战胜四元素说也就不足为奇了。

当元素周期律在欧洲战场上获得完胜之后，便开始了对东方传统文化的征战。五行理论与元素周期律交锋，结局如何并不难预料，但是过程却颇有戏剧性。

最先接受西方近代科学的是日本。当远道而来的坚船利炮洞穿日本国门之时，他们迅速意识到，欧洲人的科技远远超过了日本，也超过了他们长期以来奉为宗主的邻居中国。于是，元素周期律几乎不费吹灰之力，就被日本学界接受了。在学习先进科技文化这件事上，日本民族总是不甘人后，并且果断采取了全盘西化的方式。元素周期表之中的大多数元素对于19世纪的日本人而言都是极其陌生的，他们根本无从知道硼和铝的区别，唯一携带有效信息的就只有元素名称，却也是用看不懂的西洋文字写就的。所以，元素周期表东传之初，首先要解决的就是语言问题。所幸的是，日语中的假名系统可以快速吸收这些外来词，乃至如今日文中的元素名称，只有少数采取意译的形式并可以写成汉字，例如拉瓦锡误认为所有酸之中都含有氧，便将氧元素命名为Oxygen，意为构成酸的元素，如此，“氧”在日文中便写作了“酸素”；但大多数元素的日文都采用了音译的形式，只能写成假名，例如钾元素，写作カリウム（读作

kariumu），其实就是 Kalium——也就是钾元素拉丁名称的日文音译了。

就在这股西风吹过日本后不久，中国也开始了“西学东渐”的进程——只不过被迫的成分更多一些。19 世纪下半叶，古代中国的哲学体系不断被冲击，相比于日本人的果断，中国人却一直犹豫不决，做惯了天朝上国，竟已忘却该如何虚心向其他民族学习。

其实早在 1855 年，中国人了解近代化学的窗口就已经被打开，墨海书馆在那一年出版了英国学者本杰明·合信（Benjamin Hubson）所著的《博物新编》，而此时元素周期律尚在孕育之中。但是历经几十年的发展，化学学科直到 19 世纪末仍未在中国形成体系，就连元素名称都没有统一。比如前面提到的钾元素（英文名 potassium），日语虽然有些拗口，名称至少还是统一的，但是在那时的中国，就有着诸如“卜对斯阿末”“怕台西恩”“不阿大写阿母”“灰精”“钾”等近十种称呼，有的是音译，有的是意译。

17 世纪初东西方元素理论的那次交锋，四元素与五行不分高低，故而双方只是各自表态就没了下文，五行理论依旧是中国人的思想珍宝。两百多年后，西方人已经用先进的元素周期律战胜了四元素说。照理说，五行理论也该退出历史舞台了，岂料传播了近半个世纪，科学竟还是没在中国掀起大的动静。

出现这样的窘境，并非国人不努力，而是朝廷太荒唐。在这半个世纪中，大清国一直在西学东渐的问题上扭捏作态，若不是还有几位有识之士致力于吸收西方科学知识，科学传播的脚步恐怕还会更加磕磕绊绊。在这些人中，对于化学和元素周期律影响最大的就是徐寿。

终其一生，徐寿都在忙着将西方科学整理成中文，颇有些神秘的化学让他着迷，竟无师自通地做起了化学实验。再后来，他又与英国人傅兰雅（John Fryer）合作，翻译了《化学鉴原》《化学鉴原续编》及《化学鉴原补编》等大量文献，其中就详细讲述了当时最新的发现——门捷列夫的元素周期律。

当然，尽管徐寿生前没能看到化学在大清帝国被系统教授，但他的辛苦却没有白费，至少后世的中国人在学习元素周期表时要比日本人轻松许多——对于陌生的元素，徐寿在翻译时主张用单字进行书写，因此救活了很多躺在古籍角落里的生僻字，还创造出了很多新字，当然基本都是金字旁。如今，我们读到的中文版元素周期表中，就有数十个字是他的作品。若不是他的创意与坚持，如今中文元素周期表的第19格说不定就是“卜对斯阿末”了。

19世纪末，随着高等教育体系逐步被建立，化学在中国也成了一门重要的基础学科，东西方也从此统一了元素的和弦，元素周期律成为全人类的科学共识。而历史车轮，还将驶向更前方，顺便发出震耳欲聋的声音。

第四乐章　现代

门捷列夫的元素周期律终于成了全世界人民都能聆听的古典派旋律，但他却忧心多过喜悦，前文说的那些不和谐音符始终困扰着他。

就在他逝世后不久，1911 年，英国科学家卢瑟福提出了原子的行星模型，也从此将原子论带入了新时代。

卢瑟福提出的行星式模型，也宣告了他的论断：原子其实并非不可分割，而是具有微观结构，中央位置是正电荷的原子核，原子的大部分质量集中于此，而外围则是负电荷的电子，绕着原子核不停旋转。他的依据非常简单，就是当他用正电荷的 α 粒子——也就是氦原子核——对金箔进行轰击时，大部分粒子都如同没有遇到任何阻碍似的直接穿了过去，只有少部分改变了方向，而折返的粒子就更少了。如何解释这样的现象？行星模型当然最为合理——原子不是实心球，大部分空间其实什么都没有，所以 α 粒子大多可以轻易穿过，但如果距离原子核太近，那么电荷排斥左右会使其改变方向，而 α 粒子直接撞向原子核并折返只不过是极其偶然的事件。

其实卢瑟福并不是第一个提出原子微观结构的人。在此之前，他的导师汤姆生——没错，正是前文提到的那位电子发现者——就已经明确提出自己的观点，认为原子是可以分割的，其中至少含有电子和某种正电粒子，整个原子因此才能保持电中性。经过分析，汤姆生在 1904 年提出了一种原子模型，认为原子就像面包一样，而电子则是像葡萄干那样分布其中——大概是吃早餐时产生的灵感吧。

作为汤姆生的学生，卢瑟福并未因此丧失理性判断，而是秉承了“吾爱吾师，但吾更爱真理”的原则，用行星模型推翻了老师的葡萄干面包模型——亚里士多德的科学观点也许已经过时，但他的这句名言却是满满的正能量。自从原子的行星模型被揭示后，元素周期律的本质也就呼之欲出了。

正如前面多次提起的那样，晚年的门捷列夫并不相信原子可以再分，所以在他看来，对于原子这样的“实心小球”，最重要的特征指标就是质量，但他无法据此解释为什么会出现原子量颠倒问题。

然而 20 世纪初的年轻科学家们却很快就接受了汤姆生

师徒二人的理论，并尝试从原子内在结构的角度去剖析周期律。如果说门捷列夫是弹奏古典元素音乐的化学家，那么这些科学界新锐们玩的就是新潮的现代电子乐，他们用一种全新却又间接的方式摆弄着这些化学元素，创造着新的和弦乐章。

1913 年，年仅 26 岁的英国物理学家莫斯莱（Henry Gwyn Jeffreys Moseley）测定了各种元素的特征 X 射线波长，他发现这些数据跟元素在周期表的序数间存在着某种联系。进一步分析后他得出一条重要结论：元素的序数就是该元素原子核所带的正电荷数！这便是著名的莫斯莱定律，现代元素周期律的大门自此开启。

然而年轻的莫斯莱并未能够将他的科研事业继续深化。1914 年，第一次世界大战爆发，莫斯莱投笔从戎为祖国参战，次年不幸阵亡。他的早亡令人扼腕，而他的发现却撬动了科学的进程。此后不久，瑞典科学家西格班（Karl Manne Georg Siegbahn）继承了他的未竟事业，用X射线测定的方法，确定了周期表上每个元素的位置，并因此荣获 1924 年的诺贝尔物理奖。

发展到这个阶段的原子理论，已经足以演奏出一曲完美的元素之歌了，但对于科学家们而言，这显然还是不够的——虽然已经知道原子核外有一些电子在绕着飞，难道就不好奇，占原子量99.9%以上的原子核里究竟有些什么东西？

卢瑟福肯定是非常好奇，他不断尝试用 α 粒子去轰击原子核，想看看被打碎的原子核会是什么。功夫不负有心人，1919年他终于发现，不同的原子核“碎”了之后，都可以释放出同一种正电荷粒子，与氢原子核相同。他将其称为质子，于是元素周期律又得到延伸，原子序数其实就是原子核内的质子数。

但是奇怪的是，质子的总质量加起来并非是原子核的质量，甚至对于多数元素而言，连一半都还不到。卢瑟福对此并不太介意，他预言，在原子核内一定还存在着某种中性粒子，并且其质量与质子大致相同。他的这个判断当然还是符合他的一贯风格，有理有据：多数原子的质量相对于氢原子而言都接近整数倍，既然质子就是氢原子核，那么剩下的那部分物质，可以分割出的最小单位也应该是质子的整数倍；并且当时已经发现，同一种元素可以有不同的原子，化学性质相同但原子量不同，最小差距是1（例如氢原子与氘原子），这就足以说明，那种未知的微粒，与质子的质量相当了。

卢瑟福的这个预言，在他晚年时被其高徒查德威克（James Chadwick）所证实。后者依然还是通过 α 粒子轰击的手段确认了这种粒子的存在，并将其命名为“中子”，以示其中性的特征，而查德威克本人也因此获得了 1935 年的诺贝尔物理学奖。

说起中子，还牵涉到一桩著名的科学逸闻：查德威克虽然在 1932 年第一个发现了中子，但他所做的实验却并非原创，而是对已有实验的验证。就在此前一年，约里奥·居里（Joliot Curie）夫妇——也就是居里夫人的女儿女婿——就已经做了同一个实验，并发现了一种诡异的中性“射线”，当然就是中子束了。此时，摆在居里夫妇二人面前的，不单纯是一束中子，更是一块诺贝尔奖牌，但二人却对此视而不见，把中子束错当成了电磁波。查德威克看到二人的实验结果后，立即联想到这可能就是恩师卢瑟福预言的粒子，并验证了这一点。

中子最终被发现，也将古老的“原子论”带入了新高度。自此以后，元素周期律便开始由电子、质子、中子这些亚原子粒子所演奏，厚重的古典乐又成了一场热情的现代摇滚演唱会。而汤姆生、卢瑟福、查德威克，这一脉相承的师徒三人，也就是上述三种粒子的发现者，付出四十余年的努力，终于完美解决了门捷列夫的困惑。

至此，元素周期律的发现史差不多也就讲完了，然而这段由元素构成的旋律究竟有什么用呢？

相信你一定还记得最开始的故事，当门捷列夫第一次揭示出元素内在关系时，他就已经小试牛刀，利用周期律预测出了一些新元素，并在日后一一得到了验证。实际上，不仅是他预测的这些“类铝”“类硼”，19 世纪 80 年代之后被发现的新元素，很多发现过程都与周期律有点关系。

在讲下一个故事之前，我们先来思考个问题：空气中究竟有哪些成分？

这个问题在拉瓦锡时代可算得上是世纪难题，几乎吸引了全世界最顶尖的科学家们为之奋斗——“燃素说”与“氧化说”在这一时期的交锋，彻底引爆了学术界对空气的热情。

燃素学说的建立与证伪，是近代化学史上浓重的一笔。燃素论认为，可燃的物质中含有燃素，会在燃烧时被空气吸收，所以灰烬就不能燃烧了。但是这一说法有个严重的漏洞，就是有些可燃物在燃烧之后得到的灰烬，质量比燃烧前更高，于是燃素论的支持者就提出了一个匪夷所思的说法：有些物质的燃素是负质量的，这显然难以服众。总而言之，随着科学发现越来越具体，“燃素”已不能自圆其说，与此同时拉瓦锡则谨慎地提出了新理论，认为燃烧是一种氧化现象，将化学带入了正确的发展轨道。

对于燃素理论，无论支持还是反对，都需要以实验数据为准。拉瓦锡是一位实验天才，擅长精密定量测试——但如果把他建立氧化学说的原因全部归结成实验才能，那就有些牵强了，因为在燃素说的拥趸里，也有一位实验能力超群的科学家，他就是大名鼎鼎的亨利·卡文迪许（Henry Cavendish）。

卡文迪许最为世人所称道的典故莫过于那个以他名字命名的实验——卡文迪许实验。在这个实验当中，他利用扭矩和光学原理，证明万有引力存在，并巧妙地测定出了地球质量，实验过程设计可谓是巧夺天工。

当他研究化学时，同样的天赋也是发挥得淋漓尽致。对于空气，有两个问题令他非常好奇：一是空气成分是否固定不变，二是各种成分的构成比例。通过实验，卡文迪许发现了氢气，并确定氢气在空气中燃烧可以产生水，于是猜测这个密度不到空气十分之一的气体就是“燃素”；他测定了二氧化碳的密度，并测定出在脱除水蒸气和二氧化碳的空气中，氧气占20.83%，而剩下的氮气体积是79.17%，这比拉瓦锡的测定结果更准确；他还发现，氮气和氧气在电火花的作用下会发生反应，而产物可以被碱吸收……

当然，在燃素学说中，氧气不叫氧气，而是“脱燃素空气”；氮气也不叫氮气，而是“被燃素饱和的空气”；至于二氧化碳，则是被称作“固定空气”。如果将卡文迪许的研究成果原原本本地写出来，读起来就如同绕口令一般诘屈聱牙，所以我们不得不直接用现代名词替代。

当他发现所谓的氮气与氧气在电火花作用下会发生反应时，他做了一个很有意思的实验，用以验证一个问题：将氮气与过量氧气进行反应，氮气是否会全部反应掉呢？结果，他发现，无论怎么用电火花进行刺激，最终都会有少部分氮气不会参与反应，大约占原空气总体积中的1/120。按他的实验精度来说，近1%的差别绝非属于误差范围内，但是对于这一次残留的氮气，他居然蹊跷地选择了放弃研究。如果他再测一下这部分气体的密度，那将又是一项诺贝尔奖级别的发现——如果诺贝尔奖早设立100年的话。

其实卡文迪许毕生的贡献远不是“诺贝尔奖”可以描述的，在英国，他被认为是仅次于牛顿的大科学家。而且他出身豪门，数额可观的遗产让他成了“有学问的人当中最富有的，富有的人当中最有学问的”。后来，他的家族中又出了一位剑桥大学校长，为了纪念他，便自掏腰包建立了卡文迪许实验室。大名鼎鼎的麦克斯韦（James Clerk Maxwell）担任了首任实验室主任，前文提到的汤姆生和卢瑟福则相继成为第三任与第四任，而在麦克斯韦与汤姆生之间，则是另一位卓越的物理学家瑞利爵士（Third Baron Rayleigh）——没错，就是发现瑞利散射的那个瑞利，也是推导出“瑞利—金斯公式”的那个瑞利——卡文迪许那个 1/120 的遗憾，碰巧就被这位爵士弥补了。

1892 年，瑞利在研究氮气密度时，发现从氨气制备的氮气密度比从空气中制备的氮气低了千分之一，但跟前辈不同的是，他没有忽略这一点差异，而是提出了自己的解释——也许氮气和氧气一样，也有一种同素异形体 N_3 吧？

即便瑞利不是专修化学，他也自认为这样的解释不够合理，于是就广发英雄帖，征集合理的答案。这一招还真是立竿见影，很快便有一位勇士应征，这便是时任伦敦大学教授的拉姆塞，他在投名状里说道：元素周期表的最后一纵列也许还有留给气体元素的空位。

正是在这样的指导思想下，仅仅小半年的时间，拉姆塞就破解了谜团，提纯出这种未知气体，并将其命名为“氩”，元素周期表上从此多了一列“惰性气体”，意思是不会发生化学反应的气体。

有了这样的指导思想，拉姆塞很快又联想到一个问题——他的一位朋友曾跟他提起，有些铀矿石会产生像氮气一样惰性的气体，他怀疑这也是“惰性气体”。很快，他找到了这种气体的踪迹，并扫了扫光谱——这一扫不要紧，他发现这种气体其实并不陌生，几十年前科学家在研究太阳光谱时就发现过它了，也就是氦元素，在周期表上填补氢和锂之间的空缺正合适。

拉姆塞丝毫不怀疑元素周期律的正确性，所以他也坚信，惰性气体家族中必定还有其他成员，至于它们的藏身之处……他猛地怀疑起原来的“氩气”还是不纯，里面应该还混有其他惰性气体。

果不其然，拉姆塞很快就通过液化分离的方式，鉴别出了氖、氪、氙三种元素，至此，惰性气体家族除了放射性的氡以外全都现身，这个元素家族也成了史上被发现最快的一族。

有意思的是，拉姆塞是元素周期律的坚定支持者，也充分享受了周期律给他带来的收益，但他从氩气中分离出其他气体的事实，却成了后来门捷列夫质疑氩原子量的依据。正如前面所说，门捷列夫认为拉姆塞分离得到的氩气依然不纯净——因为他不能相信氩比钾的原子量更大。

惰性气体的发现史是对元素周期律的全新演绎，比起门捷列夫的预言更为立体；然而更重要的是，随着这些气体的补位，量子化学的建立也终于有了可能。

这个过程可以说自然而然就发生了。就说氯元素吧，为什么成为氯离子后更稳定？已经搞清原子结构的科学家们立即想到，氯原子获得一个电子后形成氯离子，那么此时它的电子总数就和氩原子相同了，那么是否说明，外围电子具有特定的排布规律，而当核外电子数目与惰性气体相同时，就形成了稳定结构？这一思辨的过程，正是现代化学的重要理论基础，而它的答案，却需要从量子力学中寻找。所以，如果元素之间没有规律，又或者元素周期律未曾被人类发现，化学这门学科与炼金术也就没有本质区别了。

有了这些更为精确的指导，1923 年，美国化学家戴明（Horace Grove Deming）发布了第一张现代版的《元素周期表》，如今几乎出现在每一本化学专业教材上。

既然元素周期律这么有用，也可以用于指导寻找未知元素，那么我们不禁要问了：如今所有元素都已经被发现了吗？

2016 年 11 月 30 日，国际纯粹与应用化学联合会宣布了一件大事，正式确定了 113 号、115 号、117 号和 118 号元素的名称，自此，元素周期表上前七周期的所有元素均已被确认，并且都已经有了专属的名称。根据量子力学计算，从第 119 号元素开始，就将开启全新的第八周期，不过截至目前，还没有任何有关第八周期元素的可信报道。

元素周期表的新成员越来越难加入，原因其实很简单，就是相比于常见的碳、氢、氧、氮等元素，未被确认的这些新元素都将有一颗硕大的原子核，质子与中子的总数已接近 300 个。这些亚原子粒子之间的关系倒是和人类社会有些相

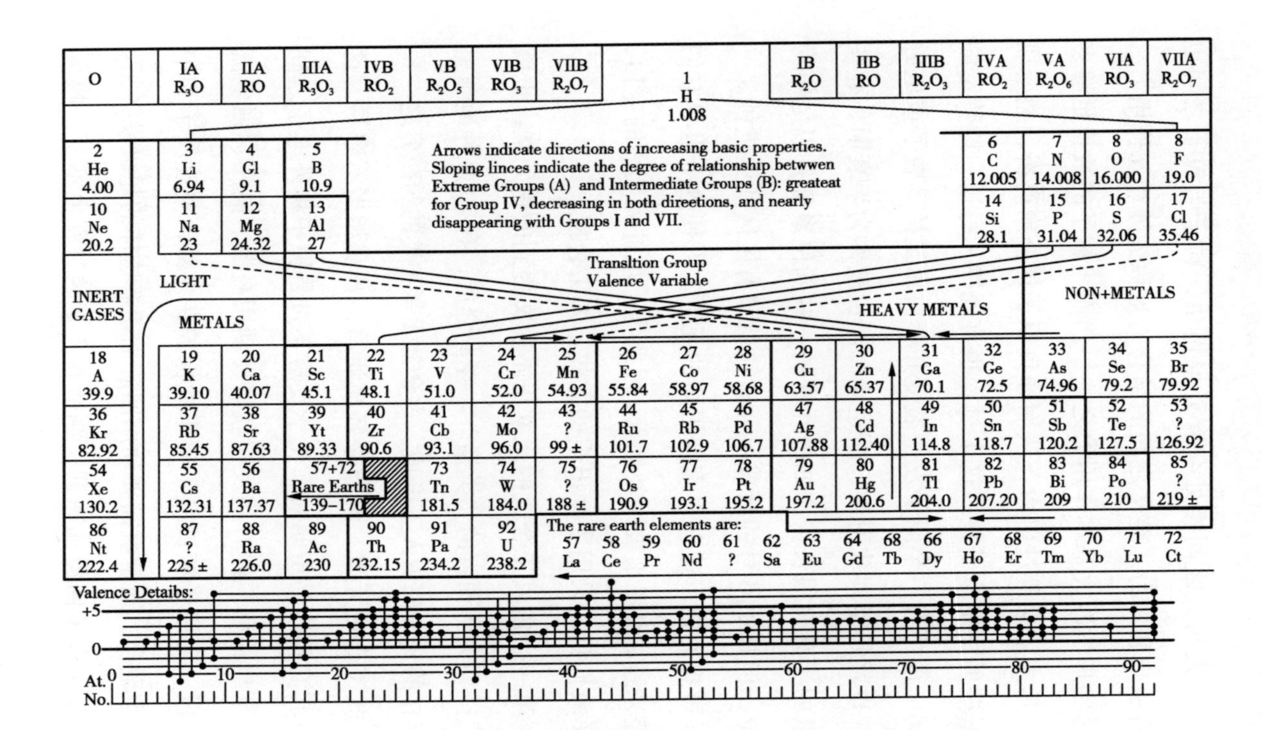

图 6–3 戴明在 1923 年绘制的元素周期表，奠定了现代化学元素周期表的框架

仿——人与人之间相处会有爱恨情仇，粒子与粒子之间也兼有引力和斥力。粒子之间的结合力被称为强相互作用力，也是物理学四大基本作用力之一，然而当粒子的数目足够多时，斥力就会胜过引力，从而导致原子核分崩离析，裂变成轻一些的稳定原子核。这个过程很有规律，每过一段特定的时间，都会有一半原子发生裂变并释放出氦核等粒子或电磁波，也就是呈现放射性，而这个时间也被称为半衰期。有些元素的半衰期很长，比如铀元素的一些同位素都是以亿年为单位，但是116号的新成员元素𫟷就只有区区几十毫秒。

可想而知，这些半衰期很短的元素，即便这个世界它们曾经来过，也很难被人类捕获，因此为了填补周期表的空白，科学家们只能采用主动出击的方式：人工合成。

第一个由人工合成的元素正是前文提到的锝元素，也就是门捷列夫所预言的"类锰"。在此之后，有20余种地球上不存在的元素都由人工合成，占全部元素种类的约四分之一！

人工合成元素，说起来轻描淡写，其实相当不容易。这一点其实很容易想明白，化学反应不过是原子核外电子之间的共享与转移，但有些反应就需要动用高温、高压、强电流等手段，而原子核被电子牢牢地保护在内部，要让质子和中子发生融合，通常就需要动用回旋加速器这样的超级设备了。

即使有了回旋加速器，制造新元素的过程也不是一帆风顺。这有点像是在玩俄罗斯方块，加速器里的轻元素就是那些四个单位的积木，而底部堆砌的就是靶子，当你兴致勃勃地按加速键把积木送到底部时，既可能是积木与靶子实现加成，但也可能让已经填满的整行方块儿消失，除了游戏得分一无所获。

尽管制造过程这么困难，科学家们还是乐此不疲，至少有两个目的让他们坚持下去：第一，人造新元素的环境与宇宙中很多天体运动相仿，所以这样的研究可以算得上是在激发地球“小宇宙”，这也让人类突破了时空；第二，很多人造新元素都有巨大的商业价值，例如锝元素就在医学与核工业方面得到了广泛使用。

如今，前七周期的元素已被开发殆尽，但人工合成新元素的脚步似乎还不会就此打住，我们也将有机会见证更神奇的元素周期表——很多人预测，一旦第八周期的元素被发现，现有的元素周期表编制方法恐怕无法满足要求。

也许这张表格上的大部分汉字你都感到陌生，但你还是应当知道，每天、每时、每刻、每秒，我们都在依赖着各种化学元素生存，因它们唱，因它们跳，因它们，我写下这些文字，也因它们，你才读到了这本书。在地球上，元素的旋律已经被演奏了 46 亿年，不管你是否聆听过；而如今，它们的旋律还会被续写下去，但这一次，你可以选择聆听的方式……

尾声

1959 年，哈佛大学的一位数学家汤姆·莱勒（Tom Lehrer）心生灵感，写下了一段词：

> There's antimony, arsenic, aluminum, selenium,
>
> And hydrogen, oxygen, nitrogen, rhenium,
>
> ……

没有任何华丽的辞藻，这只是一段由化学元素名称堆砌起来的歌词，只是比元素周期表的顺序更押韵一些，翻译成中文是这样的：

> 这里有锑、砷、铝、硒，
>
> 还有氢、氧、氮、铼，

还有镍、钕、镎、锗，
还有铁、镅、钌、铀，
也有铕、锆、镥、钒。
还有镧、锇、砹、镭，
还有金、镤、铟、镓，
也有碘、钍、铥、铊。
还有钇、镱、锕、铷，
还有硼、钆、铌、铱，
还有锶、硅、银、钐，
也有铋、溴、锂、铍、钡。
还有钬、氦、铪、铒，
还有磷、钫、氟、铽，
还有锰、汞、钼、镁，
也有镝、钪、铈、铯。
还有铅、镨、铂、钚，
还有钯、钷、钾、钋，
还有钽、锝、钛、碲，
也有镉、钙、铬、锔。
还有硫、锎、镄、锫，
还有钔、锿、锘，
还有氩、氪、氖、氡、氙、锌和铑，

也有氯、碳、钴、铜、钨、锡和钠。
这些只是目前哈佛大学已知的，
或许还有很多只是尚未被发现。

这首歌被命名为《元素之歌》，它借用一种更具象的形式，演奏出了元素构成的乐谱。还记得那出精彩的古典音乐剧《彭赞斯的海盗》吗？它问世于门捷列夫第二个谜题被揭开的那一年，而莱斯选择了其中一段《将军之歌》为这首《元素之歌》谱曲。

这首歌问世之后，曾在很多文艺作品中出现过，而莱勒教授本人也经常在一些学术沙龙现场自弹自唱，有时还会一本正经地唱上一曲更“古老”的版本：“There’s earth, air, fire and water！（这里有土、气、火和水！）”每一次都会赢得哄堂大笑。这当然是在调侃“四元素说”，而这两个版本之间的对比，也足以展现这几百年来，我们物质观所发生的巨大转变。

当然，莱勒教授只不过是把已知的元素名称配上了已有的曲子，称不上《元素之歌》真正的原创——然而揭示元素周期律的门捷列夫又何尝算得原创？米开朗基罗曾经说过，“雕像本来就在石头里，我只是把不要的部分去掉。”同样，这条属于元素的定律本来就存在于自然界，并不会因人类没有发现就消失不见。更何况，几乎在同一时间，还有一位科学家也创作了类似的“旋律”，与门捷列夫的作品不相上下。

19 世纪下半叶，尤里乌斯·迈耶尔（Julius Lothar Meyer），这位德国科学家几乎和门捷列夫同时发现了元素周期律，一度被人们认为是首位发现者。科学界有很多这样的发现，都是在很短的一段时间里,由空间相隔很远的不同团队各自独立发现，如果要问及原因，那就是——火候已到。

无论迈耶尔还是门捷列夫，他们所做的工作都是在前人尚不够成功的探索之路上，又将思想稍稍扭转了一下。然而，迈耶尔的性格更为谨慎，尽管掌握的很多数据更准确，但他却“没有勇气像门捷列夫那样深信不疑地做出预言”（迈耶尔在 1880 年的论文中这样自评），坦率地将首功让与对方。同样，门捷列夫也不吝溢美之词，认为迈耶尔在探索元素周期律方面的功勋卓著——二人真可谓是惺惺相惜，一时瑜亮。正因此，为表彰发现元素周期律的功绩，英国皇家学会在 1882 年为二人同时颁发了戴维奖章。

不过，历史有时就是这么奇怪，一提起元素周期表，后人都会想到门捷列夫，迈耶尔却鲜被提起——但是在这元素之歌的旋律里，他和门捷列夫一样，永远都不会缺席，世界因科学而发展，科学因他们而动人。

《元素和弦》演职人员表

导演

门捷列夫（元素周期律提出者、预言家）

指挥

迈耶尔（元素周期律提出者）

监制

戴明（现代元素周期表编纂者）

作曲

吉尔伯特和沙利文（《彭赞斯的海盗》作曲者）

填词

莱勒（哈佛大学教授）

创意

德谟克利特（原子论提出者）

恩培多克勒（四元素提出者）

希波克拉底（四体液提出者）

亚里士多德（四元素奠定者）

盖伦（盖伦体质说提出者）

墨子（中式原子论提出者）

弦乐

波义耳（近代化学奠基人）

拉瓦锡（近代化学之父）

道尔顿（近代原子论提出者）

贝采尼乌斯（原子量测定者）

阿伦尼乌斯（分子论提出者）

戴维（碱金属发现者）

康尼查罗（分子论确立者）

管乐

德贝莱纳（三元素组发现人）

佩滕科弗（三元素组改进者）

格拉斯顿（五元素组提出者）

尚古多（螺旋周期表提出者）

奥德林（表格周期表提出者）

纽兰兹（八音律提出者）

鼓乐

莫斯莱（原子序号提出者）

西格班（原子位置确定者）

汤姆生（电子发现者）

卢瑟福（质子发现者）

查德威克（中子发现者）

瑞利（空气成分研究者）

拉姆塞（惰性气体发现者）

演唱

布瓦博德朗（镓的发现者）

尼尔森（钪的发现者）

温克勒（锗的发现者）

场务

伏打（电池发明者）

盖－吕萨克（气体定律发现者）

杜隆和珀替（热容定律提出者）

卡文迪许（天才科学家）

法拉第（电磁学奠基者）

居里夫妇（中子实验设计者）

徐寿（原子周期律传播者）

特邀

比才（《卡门》创作者）

同时，也要感谢文中没有出现的其他演职人员，是你们共同参与的精彩演出，才让元素周期律成为不朽的经典。

后记

2016年年初，知乎平台上线了《知乎一小时》的阅读栏目，邀请各领域的创作者写作电子书，核心要求是能够让读者在一小时内完成阅读。我很荣幸成为首批创作者，以元素周期律的发现史为框架写了一篇名为《你好，门捷列夫》的文章，成书同时在知乎与亚马逊Kindle商店发行。令我意外的是，这部小书居然很受欢迎，甚至在出版后的前两年里，长期位居化学类图书的前三名。

第一次“写书”就获得不错的成绩，这让我写作的信心倍增。不过，到底应该继续创作哪方面的内容，当时并没有想好。

比较偶然的机会，我发现生活中的一件小事：普通的钨丝灯泡似乎没那么容易买到了，那本是再寻常不过的“家用电器”。几乎在一夜之间，卖灯具的摊位都在最显眼的位置摆上了发光二极管灯泡，配角则是一些荧光灯，似乎只有街头的小五金店还能找到最传统的那种照明钨丝灯泡，蛋形的透明玻璃简单包裹着纤细的钨丝，其中充满了惰性的气体。然而，这些灯泡只能摆在角落里，无人问津。

虽然曾经代表光明的钨丝灯泡前途黯淡，但它的衰落却点亮了我的一丝灵感：我们的生活，或者更宏大一点说，我们人类的文明，不就是以化学元素为基础的吗？曾几何时，每一个中小学生都对爱迪生发明钨丝灯泡的故事倒背如流，在考场上也屡屡被当作作文素材。尽管故事本身有些以讹传讹，但是其中传递的科学精神，却很可能真切地影响了好几代人，而钨元素，还有真实的爱迪生发现并使用的碳元素，正是这个精神的载体。

于是我开始思索，一种化学元素究竟会在多大程度上左右着人类文明的走向？奈何这个问题实在太大，我根本找不到合适的切入点。

说来也巧，还是 2016 年，趁着国庆假期，我和爱人来至阴山脚下，看到了两千多年来留下的各时期岩画。欣赏之余，我突然想到，不管人类是否已经意识到化学元素的存在，文明却一直都在这些元素的背景板上延伸。比如眼前的岩画，创作者也许从来不知道岩石内部由硅元素形成的骨架，可他们还是一代又一代地在石头上凿刻，跨越了时空，最后成为我们如今研究文明发展过程的证据。在如此大尺度的变幻之下，只有化学元素保持了定力，记录下那些瞬间。

看过岩画，仅仅用了几天的工夫，我便写下了一段“硅的记忆”，这也成为本书最早的成稿部分。

在那之后，我规划了五种化学元素，金、铜、硅、碳、钛，想用它们代表人类文明的不同发展阶段，创作出一部化学文化题材的科普书。而在书末，我则计划对《你好，门捷列夫》进行修改，再现那段群星荟萃的化学发展时代。

也许只是脑子一时发热，这样的想法始终只停留在腹稿阶段，直到 2017 年年底，在和果壳网的刘旸（桔子帮小帮主）的一次聊天中，我提到了之前的构思，以及书中已经成稿的内容。她看过后，怪我怎么没早把稿件拿出来，立刻就推荐给商务印书馆。在经过简单的沟通之后，商务印书馆肯定了这些内容的价值，当即签下这个选题。经过对标题与内容的反复沟通与打磨，当时的文字最终成为了大家手中的这本《元素与人类文明》，由雒华老师负责编辑。所以，我首先要感谢的就是这二位伯乐，是她们的慧眼，没有让这本书胎死腹中。

我的导师危岩教授则在另一个层面上对我和这本书影响颇深。他对我在科普方面的工作非常支持，特别鼓励我应该要关注化学史方面的题材，对此我感激涕零。他珍藏了一本《中国化学史论文集》，其中有不少内容，即使我作为一名化学科班出身的博士，也感到十分陌生，尤其是对马和发现氧气这一假说的分析，说是令人叹为观止也不为过。惊叹之余我也意识到，对广大化学专业的从业者而言，化学史大概只是一个冷板凳课题，中国化学史更是如此。在他的启发之下，我逐渐摸索到了创作风格，通俗点说便是以史为鉴。的确，作为很注重实用性的自然学科，化学的发展重点在于前沿科学。但是就像行船一样，船舷的方向要根据航行历史路线不断纠偏，越是前沿的学科越不能忘了自身的发展史。

所以在创作中，我也考证了诸多史料，这让我有了不少新发现。它们大多已被融入到书中，成为化学元素与人类文明发展关系的绝佳注脚。

而我的研究方法，在很大程度上请教了我的夫人陈凌霄博士，她接受过科学技术史领域的完整训练，在某些观点的取舍方面，也更擅长通盘分析。所以，有了她的顾问与监督，让眼前这本《元素与人类文明》不至于出现大是大非的纰漏，感谢之意无法言语表达，谨以此书献上。

写作此书期间，还和很多同好有过交流，在此无法一一致谢，唯有一丝不苟，不辜负诸位的指导之情。

孙亚飞　于清华园

2021 年 6 月

参考资料

第一章

[1] 茨威格．人类群星闪耀时 [M]．张伟，译．北京：北京出版社，2005.

[2] 萨默维尔．印卡帝国 [M]．郝明玮，译．北京：商务印书馆，2015.

[3] 马歇尔．哲人石：探寻金丹术的秘密 [M]．赵万里，李三虎，蒙绍荣，译．上海：上海科技教育出版社，2007.

[4] 中国黄金学会．中国黄金经济 [J]．1996(6)．北京：中国黄金报社，1996.

[5] 国家林业局经济发展研究中心．绿色中国 [J]．2006(1)．北京：绿色中国杂志社，2006.

[6] 中国有色金属学会．中国有色金属学报 [J]．2003(10)．北京：科学出版社，2003.

[7] 中国科学院研究生院. 自然辩证法通讯 [J]. 1995(1). 北京：中国科学院自然辩证法通讯杂志社，1995.

[8] 中国化学会. 化学通报 [J]. 2002(10). 北京：化学通报杂志社，2002.

[9] 世界知识出版社. 世界知识 [J]. 1981(13). 北京：世界知识出版社，1981.

[10] 广西民族文化艺术研究院. 民族艺术 [J]. 2011(2). 南宁：民族艺术杂志社，2011.

第二章

[1] 曾甘霖. 铜镜史典 [M]. 重庆：重庆出版社，2008.

[2] 郭灿江. 光明使者：灯具 [M]. 上海：上海文艺出版社，2001.

[3] 颜鸿森. 古早中国锁具之美 [M]. 台南：中华古机械文教基金会，2003.

[4] 佚名. 考工记 [M]. 闻人军，译. 上海：上海古籍出版社，2008.

[5] 宋应星. 天工开物 [M]. 潘吉星，译. 上海：上海古籍出版社，2016.

[6] 《自然杂志》编辑部. 自然科学年鉴 1985[J]. 上海：上海翻译总公司，1987.

[7] 卢嘉锡. 中国科学技术史·军事技术卷 [M]. 北京：科学出版社，1998.

[8] 陕西省社会科学院. 新西部 [J]. 2018(8). 西安：新西部杂志社，2018.

[9] Elsevier. Journal of Archaeological Science[J]. 2011(38). London：Elsevier，2011.

[10] 浙江大学. 浙江大学学报 [J]. 2017(2). 杭州：浙江大学学报杂志社，2017.

[11] 黄山学院. 黄山学院学报 [J]. 2004(6). 黄山：黄山学院学报杂志社，2004.

[12] 辽宁省档案局. 兰台世界 [J]. 2015(6). 沈阳：兰台世界杂志社，2015.

[13] 何堂坤. 关于铜鼓合金技术的初步研究 [C]. 南宁：中国铜鼓研究会，2011.

第三章

[1] 卡尔维诺. 看不见的城市 [M]. 王志弘，译. 台北：时报文化出版社，1993.

[2] 李安山. 中国非洲研究评论 [M]. 北京：北京大学出版社，2011.

[3] 中央民族大学. 中央民族学院学报 [J]. 1982(2). 北京：中央民族大学出版社，1982.

[4] 上海大学. 自然杂志 [J]. 2012(6). 上海：上海大学自然杂志社，2012.

第四章

[1] 上海石油化工总厂厂史编纂委员会. 中国石化上海石油化工股份有限公司志 [M]. 上海：上海社会科学院出版社，2012.

[2] 袁翰青. 中国化学史论文集 [M]. 北京：生活·读书·新知三联书店，1964.

[3] 狄更斯. 雾都孤儿 [M]. 何文安，译. 南京：译林出版社，2010.

第五章

[1] 王桂生. 钛的应用技术 [M]. 长沙：中南大学出版社，2007.

[2] 谷凤宝. 钛资源综合利用 [M]. 北京：人民日报出版社，1992.

[3] 安德鲁．保罗·安德鲁建筑回忆录 [M]．周冉，缪伶超，王笑月，译．北京：中信出版社，2015.

[4] 中国残疾人联合会．中国矫形外科杂志 [J]．2016(8)．泰安：中国矫形外科杂志社，2016.

[5] 上海交通大学．医用生物力学 [J]．2014(3)．上海：医用生物力学杂志社，2014.

[6] 中国康复医学会．中国组织工程研究 [J]．2013(47)．沈阳：中国组织工程研究杂志社，2013.

[7] 3D 打印技术在医疗领域应用广泛 [OL]．http://www. 21ic.com/news/med/469579.htm.

第六章

[1] 李绍山，王斌，王衍荷．化学元素周期表 [M]．北京：化学工业出版社，2011.

[2] 郭保章．世界化学史 [M]．南宁：广西教育出版社，1992.

[3] 凌永乐．化学元素的发现 [M]．北京：商务印书馆，2009.

[4] 郭保章．中国化学史 [M]．南昌：江西教育出版社，2006.

[5] 中国科学技术史学会．中国化学学科史 [M]．北京：中国科学技术出版社，2010.

[6] 李丽．近代化学译著中的化学元素词研究 [M]．北京：中央民族大学出版社，2012.

[7] 格雷．视觉之旅：神奇的化学元素 [M]．陈沛然，译．北京：人民邮电出版社，2011.

[8] 马歇尔．哲人石：探寻金丹术的秘密 [M]．赵万里，李三虎，蒙绍荣，译．上海：上海科技教育出版社，2007.

[9] 刘新锦，朱亚先，高飞．无机元素化学（第二版）[M]．北京：科学出版社，2010.

[10] 车云霞，申泮文．化学元素周期系 [M]．天津：南开大学出版社，1999.

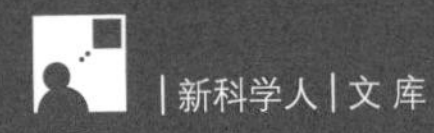

《生命之数》

《给年青数学人的信（修订版）》

《书林散笔：一位理科生的书缘与书话》

《元素与人类文明》

作者简介

孙亚飞，青年科普作家，从事科学传播及新能源领域的研究与产业化工作。高中参加化学竞赛保送进入北京大学化学学院，后于清华大学化学系获得博士学位。2010年开始从事科普工作，2012年加入科学松鼠会。在得到平台开通的课程《化学通识30讲》广受好评，同时在知乎、果壳、丁香医生、《博物》杂志等媒体平台发表《你好，门捷列夫》《读懂食品安全》各类作品逾百万字，已出版著作《元素与人类文明》《原子王国历险记》及译作《诗意的原子》（“文津图书奖”推荐书目）等。

责任编辑：雒华
装帧设计：红点印像